SPSSによる
多変量データ解析の手順

［第5版］

石村貞夫　著
石村光資郎

東京図書株式会社

Ⓡ〈日本複製権センター委託出版物〉
◎本書を無断で複写複製(コピー)することは,著作権法上の例外を除き,禁じられています.
本書をコピーされる場合は,事前に日本複製権センター(電話:03-3401-2382)の許諾を受けてください.

まえがき

一歩前に進もう！

SPSS の威力はすばらしい!!

　その分析能力，分析結果の信頼性のみならず，分析の操作性にもすぐれている．

「SPSS は非常に使いやすい！」

という一言につきます！

　実際に SPSS を使ってみると，マウスの操作一つで，どのような統計処理も簡単に行うことができます．

「まさに，信じられない!!」

　右手に持ったマウスでカチッ，カチッとクリックしていく感覚は，言ってみればコンピュータゲームで敵の陣地を一つ一つ攻略している，といった感覚にも似たところがあるのではないでしょうか？

　ところで，データ解析における問題点は……

　　その 1．　最適な統計処理は？
　　その 2．　データ入力とその手順は？
　　その 3．　統計処理の手順は？
　　その 4．　出力結果の読み取り方は？

この 4 点です．そこで……

『すぐわかる統計処理の選び方』
という本で紹介してますよ～

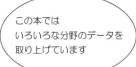
この本では
いろいろな分野のデータを
取り上げています

最適な統計処理は
パターン化した
データの型に当てはめて
みるとわかります

その1． データ解析で最初に頭を悩ませるものは統計処理の選び方．

しかし，この悩みはデータの型をパターン化することによって，簡単に解決することができます．

その2, 3． 次に頭を悩ませるものは

「このデータ入力の手順は？」

「この統計処理のための手順は？」

しかし，SPSS の画面1枚1枚による図解で，どんな人にでも，データ入力や統計処理のための手順をふむことができるようになりました．

その4． 出力結果の読み取り方……最後に頭を悩ませるものがここ．しかし

「まあ，いっか!」

といった気楽な気持ちで，この本の【出力結果の読み取り方】をご覧ください．

ともかく，この本を左手に，マウスを右手に

「SPSS の世界に，飛び込んでみましょう!!」

最後に，お世話になった日本 IBM の牧野泰江さん，磯崎幸子さん，西澤英子さん，猪飼沙織さん，東京図書の宇佐美敦子さんに深く感謝の意を表します．

2016 年 5 月 15 日

◆本書では IBM SPSS Statistics 24, Amos 24 を使用しています．
SPSS 製品に関する問い合わせ先：
〒 103-8510 東京都中央区日本橋箱崎町 19-21
日本アイ・ビー・エム株式会社 アナリティクス事業部 SPSS 営業部
Tel. 03-5643-5500　Fax. 03-3662-7461　URL http://www.ibm.com/spss/jp/

◆本書で使われているデータは，東京図書のホームページ http://www.tokyo-tosho.co.jp より
ダウンロードすることができます．
　また，使用しているオプションモジュールは以下のとおりです．

　　　第 2 章　IBM SPSS Neural Networks
　　　第 3 章　IBM SPSS Regression
　　　第 4 章　IBM SPSS Regression
　　　第 5 章　IBM SPSS Regression
　　　第 6 章　IBM SPSS Advanced Statistics
　　　第 7 章　IBM SPSS Advanced Statistics
　　　第 8 章　IBM SPSS Decision Trees
　　　第14章　IBM SPSS Conjoint
　　　第15章　IBM SPSS Amos
　　　第16章　IBM SPSS Amos

も　く　じ

もう一歩
前に進もう！

まえがき

第1章 重回帰分析 2
1.1 はじめに 2
［ダミー変数の作り方］─────────────────── 4
［データ入力の型］──────────────────── 7
1.2 重回帰分析のための手順 8
［統計処理の手順］──────────────────── 8
［SPSSによる出力］─────────────── 12, 14, 16, 18, 20
［出力結果の読み取り方］──────────── 13, 15, 17, 19, 21
［強制投入法＋ステップワイズ法の手順］──────────── 22

第2章 階層型ニューラルネットワーク 26
2.1 はじめに 26
［データ入力の型］──────────────────── 31
2.2 階層型ニューラルネットワークのための手順 32
［統計処理の手順］──────────────────── 32
［SPSSによる出力］──────────────────── 38, 40
［出力結果の読み取り方］───────────────── 39, 41

viii

第3章　ロジスティック回帰分析　42

3.1　はじめに　42
　　［ロジスティック回帰分析のモデル式］ ───────────── 44
　　［データ入力の型］ ───────────────────── 45

3.2　ロジスティック回帰分析のための手順　46
　　［統計処理の手順］ ───────────────────── 46
　　［SPSSによる出力］ ──────────────── 52, 54, 56
　　［出力結果の読み取り方］ ─────────────── 53, 55, 57

第4章　プロビット分析　58

4.1　はじめに　58
　　［プロビット分析──失敗の例──］ ──────────── 60
　　［データ入力の型］ ───────────────────── 63

4.2　プロビット分析のための手順　64
　　［統計処理の手順］ ───────────────────── 64
　　［SPSSによる出力］ ─────────────────── 68, 70
　　［出力結果の読み取り方］ ───────────────── 69, 70

第5章　非線型回帰分析　72

5.1　はじめに　72
　　［パラメータの初期値の決め方］ ───────────── 76
　　［データ入力の型］ ───────────────────── 79

5.2　非線型回帰分析のための手順　80
　　［統計処理の手順］ ───────────────────── 80
　　［SPSSによる出力］ ────────────────── 86, 88, 90
　　［出力結果の読み取り方］ ───────────────── 87, 89, 91

もくじ　ix

第6章　対数線型分析　92

6.1　はじめに　92
　　［データ入力の型］ ——————————————————————— 93
6.2　対数線型分析のための手順　94
　　［統計処理の手順］ ——————————————————————— 94
　　［SPSS による出力］ ————————————————— 98, 100, 102
　　［出力結果の読み取り方］ ————————————— 99, 101, 103

第7章　ロジット対数線型分析　104

7.1　はじめに　104
　　［データ入力の型］ ——————————————————————— 105
7.2　ロジット対数線型分析のための手順　106
　　［統計処理の手順］ ——————————————————————— 106
　　［SPSS による出力］ ———————————————————— 108, 110
　　［出力結果の読み取り方］ ————————————————— 109, 111

第8章　決定木　112

8.1　はじめに　112
　　［データ入力の型］ ——————————————————————— 115
8.2　決定木のための手順　116
　　［統計処理の手順］ ——————————————————————— 116
　　［SPSS による出力］ ———————————————————— 122, 124
　　［出力結果の読み取り方］ ————————————————— 123, 125

第 9 章　主成分分析　126

9.1　はじめに　126
［データ入力の型］ ——————————————————————— 127

9.2　主成分分析のための手順　128
［統計処理の手順］ ——————————————————————— 128
［SPSS による出力］ ————————————————— 132, 134, 136, 138
［出力結果の読み取り方］ ———————————————— 133, 135, 137, 139

第 10 章　因子分析　142

10.1　はじめに　142
［データ入力の型］ ——————————————————————— 143

10.2　因子分析のための手順——主因子法　144
［統計処理の手順］ ——————————————————————— 144
［SPSS による出力］ ————————————————— 150, 152, 154, 156
［出力結果の読み取り方］ ———————————————— 151, 153, 155, 157

10.3　因子分析のための手順——最尤法　158
［統計処理の手順］ ——————————————————————— 158
［SPSS による出力］ ————————————————— 162, 164, 166, 168
［出力結果の読み取り方］ ———————————————— 163, 165, 167, 169

第 11 章　判別分析　170

11.1　はじめに　170
［データ入力の型］ ——————————————————————— 171

11.2　判別分析のための手順　172
［統計処理の手順］ ——————————————————————— 172
［SPSS による出力］ ————————————————— 176, 178, 180, 182
［出力結果の読み取り方］ ———————————————— 177, 179, 181, 183
［マハラノビスの距離の 2 乗の求め方］ ———————————————— 184

もくじ xi

第12章　クラスター分析　186

12.1　はじめに　186
　　［データ入力の型］ ────────────────── 187
12.2　クラスター分析のための手順　188
　　［統計処理の手順］ ────────────────── 188
　　［SPSSによる出力］ ──────────────── 192, 194
　　［出力結果の読み取り方］ ─────────────── 193, 195

第13章　多次元尺度法　196

13.1　はじめに　196
　　［データ入力の型］ ────────────────── 197, 198
13.2　多次元尺度法のための手順　200
　　［統計処理の手順］ ────────────────── 200
　　［SPSSによる出力］ ──────────────── 204, 206, 208
　　［出力結果の読み取り方］ ─────────────── 205, 207, 209
　　［多次元尺度法はやわかり］ ───────────── 210

第14章　コンジョイント分析　212

14.1　はじめに　212
　　［コンジョイント分析用カード］ ──────────── 214
　　［データ入力の型］ ────────────────── 216
14.2　コンジョイント分析のための手順　220
　　［統計処理の手順］ ────────────────── 220
　　［SPSSによる出力］ ──────────────── 222, 224, 226, 228
　　［出力結果の読み取り方］ ─────────────── 223, 225, 227, 229

第 15 章　パス解析　230

15.1　はじめに　230
　［データ入力の型］ ———————————————————————— 231
15.2　パス解析のための手順　232
　［統計処理の手順］ ———————————————————————— 232
　［Amos による出力］ ——————————————————————— 244
　［出力結果の読み取り方］ —————————————————————— 245
　［標準化したパラメータの出力方法］ ————————————————— 246
　［GFI や AIC を画面上へ出力する方法］ ———————————————— 248
　［パス図の上にパラメータ値を描かせる方法］ —————————————— 249
　［標準化していないパラメータの場合］ ———————————————— 250
　［標準化したパラメータの場合］ —————————————————— 251

第 16 章　共分散構造分析　252

16.1　はじめに　252
　［データ入力の型］ ———————————————————————— 253
16.2　共分散構造分析のための手順　254
　［統計処理の手順］ ———————————————————————— 256
　［Amos による出力］ ————————————— 268, 270, 272, 274, 276, 278, 280
　［出力結果の読み取り方］ ———————————— 269, 271, 273, 275, 277, 279, 281

参考文献　282
索引　　　283

データの種類と性質

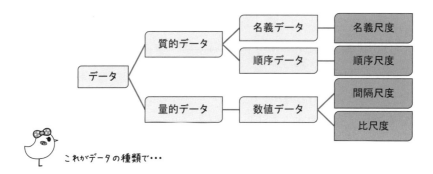

これがデータの種類で…

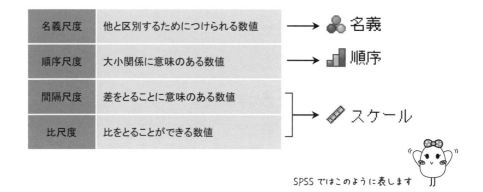

SPSSではこのように表します

データを分析するときに
間隔尺度と比尺度を
区別することは
実際にはほとんどありません

◉ 装幀　戸田ツトム
◉ イラスト　石村多賀子

SPSS による多変量データ解析の手順（第 5 版）

第1章 重回帰分析

1.1 はじめに

次のデータは，アメリカの銀行に就職している銀行員265名の現在の給料，性別，仕事の習熟度などについて調査した結果です．

表 1.1　銀行員の給料の決まり方

No.	現在の給料	性別	習熟度	年齢	就学年数	就業年数	職種
1	10620	女性	88	34.17	15	5.08	事務職
2	6960	女性	72	46.50	12	9.67	事務職
3	41400	男性	73	40.33	16	12.50	管理職
4	28350	男性	83	41.92	19	13.00	管理職
5	16080	男性	79	28.00	15	3.17	事務職
6	8580	女性	72	45.92	8	16.17	事務職
7	34500	男性	66	34.25	18	4.17	技術職
8	54000	男性	96	49.58	19	16.58	技術職
9	14100	男性	67	28.75	15	0.50	事務職
10	9900	女性	84	27.50	12	3.42	事務職
⋮	⋮	⋮	⋮	⋮	⋮	⋮	⋮
264	7380	女性	85	51.00	12	19.00	事務職
265	8340	女性	70	39.00	12	10.58	事務職

> **分析したいことは？**
>
> ● 現在の給料と，性別・習熟度・年齢・就学年数・就業年数・職種との間に
> どのような関係があるのだろうか？

このようなときには……

- 結果 → 現在の給料 ……………………………… 従属変数
- 原因 → 性別・習熟度・年齢
  就学年数・就業年数・職種 }………… 独立変数

として，**重回帰モデル**を作ってみましょう．

そのモデル式は

$$\boxed{\text{現在の給料}} = b_1 \times \boxed{\text{性別}} + b_2 \times \boxed{\text{習熟度}} + b_3 \times \boxed{\text{年齢}}$$
$$+ b_4 \times \boxed{\text{就学年数}} + b_5 \times \boxed{\text{就業年数}} + b_6 \times \boxed{\text{職種}} + b_0$$

となります．

このとき，

偏回帰係数 $b_1, b_2, b_3, b_4, b_5, b_6$ と 定数項 b_0

は，どのような値をとるのでしょうか？

しかし，その前に性別や職種といった名義変数に
注目しましょう．

『入門はじめての多変量解析』
も参考になるんだって！

1.1 はじめに 3

【ダミー変数の作り方】

表 1.1 のデータの職種は

　　　　　　　　事務職　　管理職　　技術職　　　　　←カテゴリカルデータ

の 3 種類に分かれています．このとき，たとえば

　　　　　　　　事務職 = 1，管理職 = 2，技術職 = 3

といった数値の置き換えには，意味がありません．

このようなカテゴリカルデータの取り扱い方として，次の**ダミー変数**という方法が考えられています．つまり

- 事務職の人　⟷　1 0 0
- 管理職の人　⟷　0 1 0
- 技術職の人　⟷　0 0 1

という対応を考えると，次のように，職種を数量化することができます．

> データにはこの 3 種類がありますが名義データの数値への置き換えは意味がありません

表 1.2　名義変数

No.	職種
1	事務職
2	事務職
3	管理職
4	管理職
5	事務職
6	事務職
7	技術職
⋮	⋮

↑
元の変数

表 1.3　ダミー変数

No.	事務職	管理職	技術職
1	1	0	0
2	1	0	0
3	0	1	0
4	0	1	0
5	1	0	0
6	1	0	0
7	0	0	1
⋮	⋮	⋮	⋮

↑　　　↑　　　↑
ダミー変数　ダミー変数　ダミー変数

つまり，職種という変数が3つのカテゴリ

$$\text{事務職} \quad \text{管理職} \quad \text{技術職}$$

に分かれているとき，それぞれのカテゴリを

$$0と1の値をとる2値変数$$

として考えようというわけです．

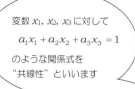

変数 x_1, x_2, x_3 に対して
$$a_1x_1 + a_2x_2 + a_3x_3 = 1$$
のような関係式を
"共線性"といいます

変数間に共線性があると分散共分散行列の逆行列が存在しなくなり偏回帰係数が計算できなくなります

ところで，このとき，
その3つのダミー変数全部を分析に取り上げると

$$\text{事務職}+\text{管理職}+\text{技術職}=1$$

という関係式が成り立ちます．

このままでは，共線性の問題が起こるので，
カテゴリカルデータをダミー変数として取り扱うときには，
どれか1つのダミー変数を取り除いておきます．

たとえば，表1.1のデータの場合には，管理職を取り除いて
次のようなあんばいに……

表1.4　管理職を取り除いて……

No.	現在	年齢	就学年数	就業年数	事務職	管理職	技術職
1			15	5.08	1	0	0
2			12	9.67	1	0	0
3			16	12.50	0	1	0
⋮			⋮	⋮	⋮	⋮	⋮

この場合は取り除いた管理職が基準になるんだね

しかしながら，次のようなカテゴリカルデータの場合には？

質問項目1. 水道水にフッ素を加えることをどう思いますか？
（イ）非常に賛成　（ロ）賛成　（ハ）どちらとも　（ニ）反対　（ホ）非常に反対

このときは4つのダミー変数（4＝5－1）を使うべきか，または

（イ）＝5　（ロ）＝4　（ハ）＝3　（ニ）＝2　（ホ）＝1

とすべきか，悩んでしまいます．

ところで，性別＝{男，女}のように，
2つのカテゴリの場合には，次のように，

男＝1，　女＝0

としてもよいし，もちろん

男＝0，　女＝1

としても，一向にかまいません．

5段階以上に分かれているときは数値データとしてよいという意見もあります

表1.5

No.	性別
1	女
2	女
3	男
4	女
5	男
⋮	⋮

表1.6

男性	女性
0	1
0	1
1	0
0	1
1	0
⋮	⋮

↑
どちらかのダミー変数を使う

表1.7

性別
0
0
1
0
1
⋮

↑
これもOK!!

6　第1章 重回帰分析

【データ入力の型】

表 1.1 のデータは，次のように入力します．

	現在の給料	性別	習熟度	年齢	就学年数	就業年数	事務職	技術職
1	10620	1	88	34.17	15	5.08	1	0
2	6960	1	72	46.50	12	9.67	1	0
3	41400	0	73	40.33	16	12.50	0	0
4	28350	0	83	41.92	19	13.00	0	0
5	16080	0	79	28.00	15	3.17	1	0
6	8580	1	72	45.92	8	16.17	1	0
7	34500	0	66	34.25	18	4.17	0	1
8	54000	0	96	49.58	19	16.58	0	1
9	14100	0	67	28.75	15	.50	1	0
10	9900	1	84	27.50	12	3.42	1	0
11	21960	0	83	31.08	15	4.08	0	0
12	12420	0	96	27.42	15	1.17	1	0
13	15720	0	84	33.50	15	6.00	1	0

	現在の給料	性別	習熟度	年齢	就学年数	就業年数	事務職	技術職
1	10620	女性	88	34.17	15	5.08	1	0
2	6960	女性	72	46.50	12	9.67	1	0
3	41400	男性	73	40.33	16	12.50	0	0
4	28350	男性	83	41.92	19	13.00	0	0
5	16080	男性	79	28.00	15	3.17	1	0
6	8580	女性	72	45.92	8	16.17	1	0
7	34500	男性	66	34.25	18	4.17	0	1
8	54000	男性	96	49.58	19	16.58	0	1
9	14100	男性	67	28.75	15	.50	1	0
10	9900	女性	84	27.50	12	3.42	1	0
11	21960	男性	83	31.08	15	4.08	0	0
12	12420	男性	96	27.42	15	1.17	1	0
13	15720	男性	84	33.50	15	6.00	1	0
14	8880	男性	88	54.33	12	27.00	1	0
15	22800	男性	98	41.17	15		0	0
16	19020	男性	64	31.92				0
17	10380	男性	72	32.67				
	8520	男性	70					
	8160	女性		25.50				
	8460	女性	97	51.58	15	14.25	1	0
259	10020	女性	93	26.08	8	.67	1	0
260	7860	女性	69	50.00	12	11.08	1	0
261	7680	女性	96	60.50	15		1	0
262	10980	女性	85	54.17	12		1	0
263	9420	女性	96	32.08	12		1	0
264	7380	女性	85	51.00	12		1	0
	8340	女性	70	39.00				

データには
3つの種類があります

スケール
順序
名義

変数ビューで値ラベルを
付けておくと便利です
切り替えは をクリック！

1.1 はじめに 7

1.2 重回帰分析のための手順

【統計処理の手順】

手順 1 データを入力したら，分析(A) をクリック．

メニューから 回帰(R) ⇨ 線型(L) と選択すると……

手順 2 次の画面が現れます．

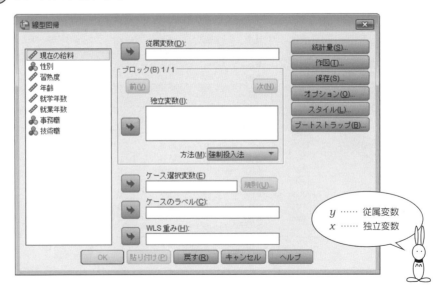

手順 3 現在の給料をクリックして，従属変数(D)の左の ➡ をカチッ．

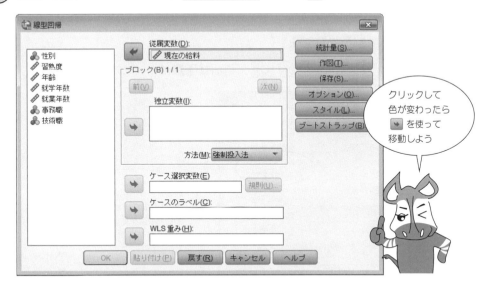

クリックして
色が変わったら
➡ を使って
移動しよう

手順 4 次に，左に残っている変数を，すべて独立変数(I)の中に入れます．

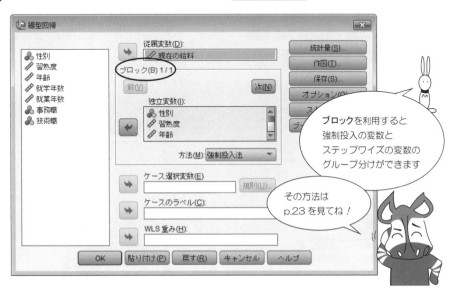

ブロックを利用すると
強制投入の変数と
ステップワイズの変数の
グループ分けができます

その方法は
p.23 を見てね！

手順 5 次に，統計量(S) をカチッとすると，次の画面が現れるので

　　　　☐ 部分/偏相関(P)
　　　　☐ 共線性の診断(L)

をチェックして，続行(C) ． 画面は**手順 4** へもどります．

経済データの場合は
Durbin-Watson の検定
もやってみてください

手順 6 作図(T) をカチッ． すると，画面が次のようになるので

　　　　☐ 正規確率プロット(R)

をチェックして，続行(C) ． 画面は**手順 4** へもどります．

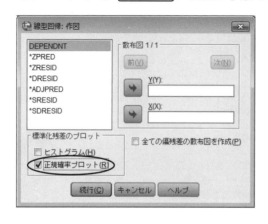

従属変数は
正規性を仮定して
いるんだね

手順7 保存(S) をカチッとすると，いろいろな統計量が現れるので

　　　　☐ Cook(K)
　　　　☐ てこ比の値(G)
　　　　☐ 共分散比(V)

をチェックします．
そして 続行(C).

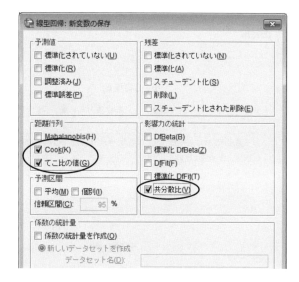

手順8 画面が次のようになったら，OK ボタンをマウスでカチッ！

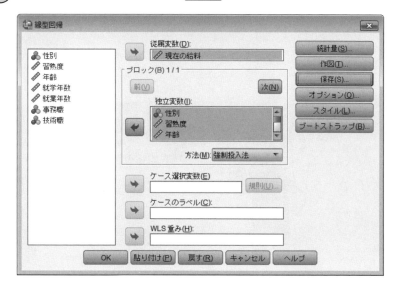

【SPSSによる出力・その1】 ──重回帰分析──

回帰

モデルの要約[b]

モデル	R	R2 乗	調整済み R2 乗	推定値の標準誤差
1	.870[a]	.757	.750	3604.477	← ①

a. 予測値: (定数)、技術職, 年齢, 習熟度, 性別, 事務職, 就学年数, 就業年数。
b. 従属変数 現在の給料

分散分析[a]

モデル		平方和	自由度	平均平方	F 値	有意確率	
1	回帰	1.039E+10	7	1483662887	114.196	.000[b]	← ②
	残差	3339008584	257	12992251.30			
	合計	1.372E+10	264				

a. 従属変数 現在の給料
b. 予測値: (定数)、技術職, 年齢, 習熟度, 性別, 事務職, 就学年数, 就業年数。

12　第1章　重回帰分析

【出力結果の読み取り方・その1】

← ① Rは重相関係数のこと．

R＝0.870 は1に近いので，p.15 の③で求めた重回帰式は
あてはまりが良いことがわかります．

重相関係数は，実測値と予測値の相関係数です．

重相関係数 = $\sqrt{決定係数}$

R2乗は決定係数 R^2 のこと．

R^2 ＝ 0.757 は1に近いので，③で求めた重回帰式は
あてはまりが良いことがわかります．

調整済みR2乗は自由度調整済み決定係数のことです．
この値とR2乗の差が大きいときは要注意！　　←『入門はじめての多変量解析』

← ② 重回帰の分散分析表です．

次の仮説

　　　　　　仮説 H_0：求めた重回帰式は予測に役立たない

を検定しています．

有意確率 0.000 が有意水準 α ＝ 0.05 より小さいので，
この仮説 H_0 は棄てられます．

つまり，③で求めた重回帰式は予測に役に立つということです．

　　　　　　　　　　　　　　　　　　　効果サイズの計算
　　　　　　　　　　　　　　　　　　効果サイズ ＝ 相関係数

1.2　重回帰分析のための手順　13

【SPSSによる出力・その2】 ──重回帰分析──

係数[a]

モデル		非標準化係数 B	標準誤差	標準化係数 ベータ	t 値	有意確率	相関 ゼロ次	偏	部分
1	(定数)	16133.381	2771.199		5.822	.000			
	性別	−1642.963	562.711	−.114	−2.920	.004	−.448	−.179	−.090
	習熟度	50.174	22.367	.070	2.243	.026	.050	.139	.069
	年齢	−52.877	31.193	−.086	−1.695	.091	−.233	−.105	−.052
	就学年数	457.332	100.992	.188	4.528	.000	.645	.272	.139
	就業年数	−29.858	40.817	−.035	−.732	.465	−.093	−.046	−.023
	事務職	−11695.243	808.406	−.570	−14.467	.000	−.790	−.670	−.445
	技術職	10626.316	1620.657	.220	6.557	.000	.491	.379	.202

↑③　　↑④　　↑⑤

共線性の統計量

モデル		許容度	VIF
1	性別	.626	1.598
	習熟度	.974	1.027
	年齢	.364	2.749
	就学年数	.549	1.822
	就業年数	.419	2.388
	事務職	.611	1.637
	技術職	.844	1.186

← ⑥

a. 従属変数 現在の給料

> B = 偏回帰係数
> 標準化係数 = 標準偏回帰係数

【出力結果の読み取り方・その2】

← ③　求める重回帰式 Y は，B のところを見ると，次のようになります．

$$Y = -1642.963 \times \boxed{性別} + 50.174 \times \boxed{習熟度} - 52.877 \times \boxed{年齢}$$
$$+ 457.332 \times \boxed{就学年数} - 29.858 \times \boxed{就業年数} - 11695.243 \times \boxed{事務職}$$
$$+ 10626.316 \times \boxed{技術職} + 16133.381$$

← ④　標準化係数の絶対値の大きい独立変数は，従属変数に影響を与えています．
　　したがって，現在の給料（従属変数）に大きい影響を与えているものは，
職種・就学年数・性別です．

← ⑤　有意確率が 0.05 より大きい独立変数は，従属変数に影響を与えていません．
　　この出力結果を見ると，就業年数は現在の給料に関係がなさそうです．
　　逆に，有意確率が 0.05 以下の独立変数は，従属変数に影響を与える要因
ということになります．

← ⑥　重回帰分析では，多重共線性の問題がよくおこります．共線性とは
　　　"独立変数の間に1次式の関係が存在しているのではないか？"
ということです．
　　許容度と VIF の間には次の関係が成り立っています．

$$VIF = \frac{1}{許容度} \qquad 1.186 = \frac{1}{0.844}$$

　　許容度の小さい，または VIF の大きい独立変数は残りの独立変数との間に
1次式の関係がある可能性をもっているので，重回帰分析をするときには
除いた方が良いかもしれません．

1.2　重回帰分析のための手順　15

【SPSS による出力・その3】 ――重回帰分析――

共線性の診断[a]

モデル	次元	固有値	条件指数	
1	1	5.910	1.000	← ⑦
	2	1.037	2.388	
	3	.495	3.455	
	4	.402	3.835	
	5	.109	7.379	
	6	.027	14.771	← ⑧-1
	7	.016	19.261	
	8	.005	35.024	

分散プロパティ

モデル	次元	(定数)	性別	習熟度	年齢	就学年数	就業年数	事務職	技術職	
1	1	.00	.01	.00	.00	.00	.00	.00	.00	
	2	.00	.02	.00	.00	.00	.00	.00	.72	
	3	.00	.52	.00	.00	.00	.04	.00	.12	
	4	.00	.04	.00	.00	.01	.31	.01	.00	
	5	.00	.11	.00	.00	.04	.00	.58	.15	
	6	.00	.29	.00	.76	.14	.60	.04	.00	← ⑧-2
	7	.01	.01	.55	.09	.45	.02	.22	.00	
	8	.99	.00	.45	.15	.36	.02	.15	.00	

a. 従属変数 現在の給料

性別・年齢・就学年数・就業年数の間で VIF を計算してみると……

【出力結果の読み取り方・その3】

← ⑦ 条件指数は

$$\sqrt{\frac{5.910}{5.910}} = 1.000, \quad \sqrt{\frac{5.910}{1.037}} = 2.388, \quad \sqrt{\frac{5.910}{0.495}} = 3.455, \quad \cdots\cdots$$

のように計算されています.

← ⑧-1, ⑧-2 条件指数の大きいところに,共線性の可能性がある
といわれています.たとえば……

　6番目の固有値の条件指数は 14.771 と急に大きくなっています.

　この6番目のところを横に見てゆくと,就業年数や年齢の分散の比率が
他の独立変数よりも大きくなっています.

　したがって,性別,年齢,就学年数,就業年数の間に共線性が
かくれている可能性があります.

　このようなときは,独立変数間の相関係数やVIFも調べてみましょう.

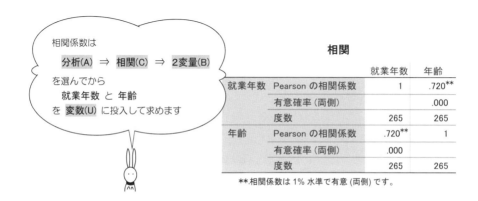

1.2 重回帰分析のための手順　17

【SPSS による出力・その4】 ──重回帰分析──

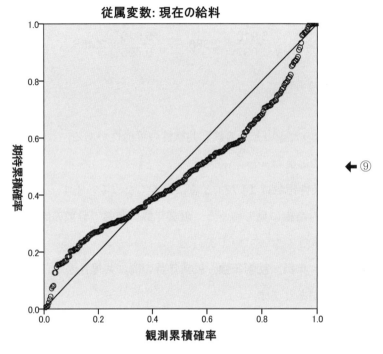

標準化された残差の回帰の正規 P−P プロット
従属変数: 現在の給料

← ⑨

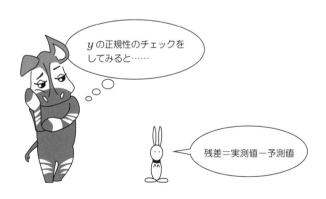

y の正規性のチェックをしてみると……

残差＝実測値−予測値

【出力結果の読み取り方・その4】

← ⑨　誤差の分布が正規分布に従っているかどうかを調べています．

というのも……

重回帰モデル

$$\begin{cases} y_1 = \beta_1 x_{11} + \beta_2 x_{21} + \beta_0 + \varepsilon_1 \\ y_2 = \beta_1 x_{12} + \beta_2 x_{22} + \beta_0 + \varepsilon_2 \\ \vdots \\ y_N = \beta_1 x_{1N} + \beta_2 x_{2N} + \beta_0 + \varepsilon_N \end{cases}$$

では

"誤差 $\varepsilon_1, \varepsilon_2, \cdots, \varepsilon_N$ は互いに独立に

同一の正規分布 $N(0, \sigma^2)$ に従っている"

という前提をおくので，

このグラフによる正規性のチェックは大切です!!

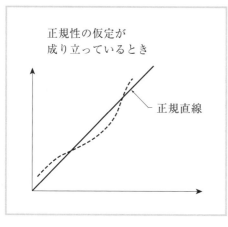

図 1.1

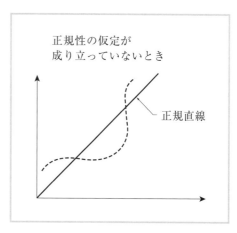

図 1.2

【SPSSによる出力・その5】 ——重回帰分析——

⑩

	現在の給料	性別	習熟度	年齢	就学年数	就業年数	事務職	技術職	COO_1	LEV_1	COV_1
1	10620	1	88	34.17	15	5.08	1	0	.00042	.01508	1.04580
2	6960	1	72	46.50	12	9.67	1	0	.00061	.00920	1.03315
3	41400	0	73	40.33	16	12.50	0	0	.09925	.03035	.51373
4	28350	0	83	41.92	19	13.00	0	0	.00140	.03133	1.05898
5	16080	0	79	28.00	15	3.17	1	0	.00069	.00839	1.02997
6	8580	1	72	45.92	8	16.17	1	0	.00054	.02261	1.05436
7	34500	0	66	34.25	18	4.17	0	1	.00963	.18502	1.25875
8	54000	0	96	49.58	19	16.58	0	1	.68639	.16840	.52360
9	14100	0	67	28.75	15	.50	1	0	.00022	.01917	1.05345
10	9900	1	84	27.50	12	3.42	1	0	.00022	.01667	1.05043
11	21960	0	83	31.08	15	4.08	1	0	.00491	.03612	1.04336
12	12420	0	96	27.42	15	1.17	1	0	.00093	.01533	1.03929
13	15720	0	84	33.50	15	6.00	1	0	.00047	.00646	1.03065
14	8880	0	88	54.33	12	27.00	1	0	.00095	.02557	1.05456
15	22800	0	98	41.17	15	12.00	0	0	.00359	.04690	1.06870
16	19020	0	64	31.92	19	2.25	0	0	.02532	.04173	.94592
17	10380	0	72	32.67	15	6.92	1	0	.00097	.01069	1.02979
18	8520	0	70	58.50	15	31.00	1	0	.00248	.04168	1.06689
19	11460	0	79	46.58	15	21.75	1	0	.00010	.01775	1.05315
20	20500	0	83	35.17	16	5.75	0	0	.00933	.03116	1.00233
21	27700	0	85	43.25	20	11.17	0	1	.22990	.16598	.93442
22	22000	0	65	39.75	19	10.75	0	0	.00589	.03812	1.04122
23	27000	0	83	30.17	17	.75	0	0	.00011	.03307	1.07035
24	15540	0	84	29.58	15	4.42	1	0	.00032	.00718	1.03562
25	22000	0	75	41.17	18	10.42	1	0	.00450	.02922	1.03235
26	10920	0	97	31.92	12	5.50	1	0	.00090	.01820	1.04436
27	11736	0	83	38.42	12	12.50	1	0	.00000	.00826	1.04425
	14040		95	33.75			1			.01216	1.04838
									.00000		
255		1	84		16	17.83		0	.00131	.020	
256	11940	1	86	40.50	15	6.58	1	0	.00002	.01235	1.04834
257	8160	1	83	25.50	12	.75	1	0	.00185	.01788	1.03274
258	8460	1	97	51.58	15	14.25	1	0	.00232	.02322	1.03841
259	10020	1	93	26.08	8	.67	1	0	.00004	.03835	1.07681
260	7860	1	69	50.00	12	11.08	1	0	.00014	.01281	1.04696
261	7680	1	96	60.50	15	1.92	1	0	.00915	.06258	1.07005
262	10980	1	85	54.17	12	8.42	1	0	.00040	.01284	1.04300
263	9420	1	96	32.08	12	4.33	1	0	.00072	.01704	1.04478
264	7380	1	85	51.00	12	19.00	1	0	.00053	.01107	1.03803
265	8340	1	70	39.00	12	10.58	1	0	.00021	.01474	1.04817
266											

【出力結果の読み取り方・その5】

← ⑩　COO_1は，クックの距離のこと．

この値が大きいとき，その値のデータは外れ値の可能性があります．

LEV_1は，てこ比のこと．

この値が大きいと外れ値かもしれません．

COV_1は，共分散比のこと．

共分散比が1に近いとき，そのデータの影響力は小さいと考えられています．

【強制投入法 ✛ ステップワイズ法の手順】

　独立変数がたくさんあるときは，ステップワイズ法を用いて従属変数に関連のある独立変数を選び出すことができます．

　たとえば，表1.1のデータの場合，ステップワイズ法を用いて重回帰分析をすると

投入済み変数または除去された変数 [a]

モデル	投入済み変数	除去された変数	方法
1	事務職	.	ステップワイズ法 (基準: 投入するFの確率 <= .050、除去するFの確率 >= .100)。
2	就学年数	.	ステップワイズ法 (基準: 投入するFの確率 <= .050、除去するFの確率 >= .100)。
3	技術職	.	ステップワイズ法 (基準: 投入するFの確率 <= .050、除去するFの確率 >= .100)。
4	年齢	.	ステップワイズ法 (基準: 投入するFの確率 <= .050、除去するFの確率 >= .100)。
5	性別	.	ステップワイズ法 (基準: 投入するFの確率 <= .050、除去するFの確率 >= .100)。
6	習熟度	.	ステップワイズ法 (基準: 投入するFの確率 <= .050、除去するFの確率 >= .100)。

a. 従属変数 現在の給料

のようになり，就業年数は分析から除かれます．

　しかしながら，研究目的によっては，この就業年数を分析に含めておきたい場合もあります．

　そのようなときには， ブロック を利用すれば

強制投入法 ✛ ステップワイズ法

により，就業年数を残したまま，重回帰分析をすることができます．

強制投入とはすべての独立変数を分析に用いるという意味です

手順 4-1 はじめに，強制投入の状態で分析に残したい変数を
独立変数(I) の中へ移しておきます．

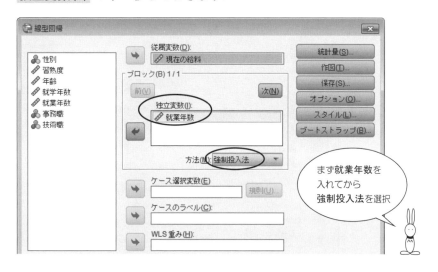

手順 4-2 次に，ブロック の 次(N) をクリックしたら
方法(M) の中から，ステップワイズ法を選択します．

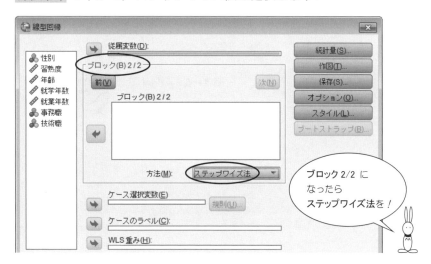

1.2 重回帰分析のための手順　23

手順 4-3 あとは，残りの変数を 独立変数(I) の中へ移動して
　　　　　　 OK ボタンをマウスでカチッ！

強制投入法 ✚ ステップワイズ法 を利用すると

SPSS の出力は，次のようになります．

投入済み変数または除去された変数 a

モデル	投入済み変数	除去された変数	方法	
1	就業年数	．	強制投入法	← 強制投入
2	．	就業年数	ステップワイズ法 (基準: 投入するFの確率 <= .050、除去するFの確率 >= .100)。	⎫
3	事務職	．	ステップワイズ法 (基準: 投入するFの確率 <= .050、除去するFの確率 >= .100)。	⎪
4	就学年数	．	ステップワイズ法 (基準: 投入するFの確率 <= .050、除去するFの確率 >= .100)。	⎪
5	技術職	．	ステップワイズ法 (基準: 投入するFの確率 <= .050、除去するFの確率 >= .100)。	⎬ ステップワイズ
6	年齢	．	ステップワイズ法 (基準: 投入するFの確率 <= .050、除去するFの確率 >= .100)。	⎪
7	性別	．	ステップワイズ法 (基準: 投入するFの確率 <= .050、除去するFの確率 >= .100)。	⎪
8	習熟度	．	ステップワイズ法 (基準: 投入するFの確率 <= .050、除去するFの確率 >= .100)。	⎭

a. 従属変数 現在の給料
b. 要求された変数がすべて投入されました。

つまり，就業年数は分析に含まれます．

第2章 階層型ニューラルネットワーク

2.1 はじめに

次のデータは，60人の被験者に対し，脳卒中とそのいくつかの要因について調査した結果です．

表2.1 脳卒中とそのいくつかの要因

被験者No.	脳卒中	肥満	飲酒	喫煙	血圧
1	危険性なし	肥満	飲まない	禁煙	正常
2	危険性なし	正常	飲まない	禁煙	正常
3	危険性あり	肥満	飲む	喫煙	高い
4	危険性あり	肥満	飲まない	喫煙	高い
5	危険性あり	正常	飲む	喫煙	高い
6	危険性なし	肥満	飲む	禁煙	正常
7	危険性あり	正常	飲む	喫煙	高い
8	危険性あり	肥満	飲まない	喫煙	高い
9	危険性あり	正常	飲む	喫煙	高い
10	危険性あり	肥満	飲む	喫煙	正常
⋮	⋮	⋮	⋮	⋮	⋮
59	危険性なし	正常	飲まない	喫煙	高い
60	危険性なし	正常	飲まない	禁煙	正常

> **分析したいことは？**
>
> ● 肥満，飲酒，喫煙，血圧の条件から，
>   脳卒中の可能性を予測したい．

このようなときには，階層型ニューラルネットワークで分析してみましょう．

階層型ニューラルネットワークは，次のように

入力層　　隠れ層　　出力層

の3つの層から構成されています．

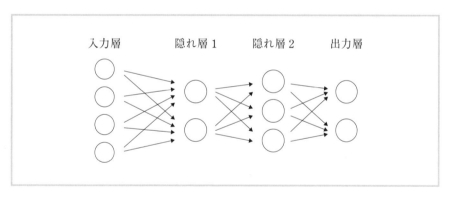

図 2.1　隠れ層が2個のモデル

$$
脳卒中 \begin{cases} 危険性あり = 1 \\ 危険性なし = 0 \end{cases}
$$

肥満……肥満 = 1，正常 = 0

飲酒……飲む = 1，飲まない = 0

喫煙……喫煙 = 1，禁煙 = 0

血圧……高い = 1，正常 = 0

表2.1のデータの階層型ニューラルネットワークは，次のようになります．

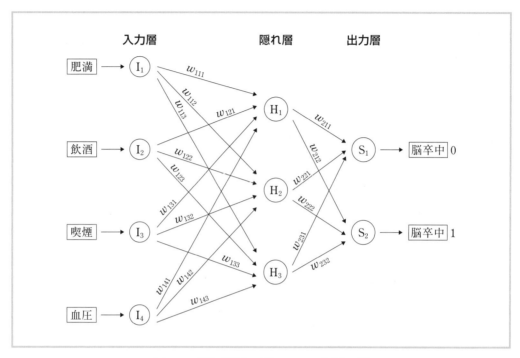

図2.2　隠れ層が1個，ユニットが3個

隠れ層ユニット H_1 では，次のようにしきい値と比較して，信号を送ります．

$$w_{111} \times \Box + w_{121} \times \Box + w_{131} \times \Box + w_{141} \times \Box \geq しきい値 \to 1$$

$$w_{111} \times \Box + w_{121} \times \Box + w_{131} \times \Box + w_{141} \times \Box < しきい値 \to 0$$

隠れ層ユニット H_2 では，次のようにしきい値と比較して，信号を送ります．

$$w_{112} \times \boxed{} + w_{122} \times \boxed{} + w_{132} \times \boxed{} + w_{142} \times \boxed{} \geq しきい値 \to 1$$

$$w_{112} \times \boxed{} + w_{122} \times \boxed{} + w_{132} \times \boxed{} + w_{142} \times \boxed{} < しきい値 \to 0$$

隠れ層ユニット H_3 では，次のようにしきい値と比較して，信号を送ります．

$$w_{113} \times \boxed{} + w_{123} \times \boxed{} + w_{133} \times \boxed{} + w_{143} \times \boxed{} \geq しきい値 \to 1$$

$$w_{113} \times \boxed{} + w_{123} \times \boxed{} + w_{133} \times \boxed{} + w_{143} \times \boxed{} < しきい値 \to 0$$

この隠れ層の信号を送る**伝達関数**は，次のようになっています．

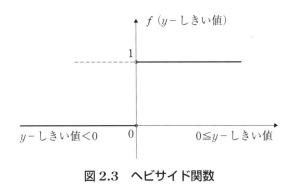

図 2.3 ヘビサイド関数

この伝達関数はヘビサイド関数です

出力層 S_1 では，次のようにしきい値と比較して，信号を送ります．

$$w_{211} \times \square + w_{221} \times \square + w_{231} \times \square \geqq しきい値 \to 1$$

$$w_{211} \times \square + w_{221} \times \square + w_{231} \times \square < しきい値 \to 0$$

出力層 S_2 では，次のようにしきい値と比較して，信号を送ります．

$$w_{212} \times \square + w_{222} \times \square + w_{232} \times \square \geqq しきい値 \to 1$$

$$w_{212} \times \square + w_{222} \times \square + w_{232} \times \square < しきい値 \to 0$$

SPSSでは，次のようなシグモイド関数や双曲線正接を伝達関数として使っています．

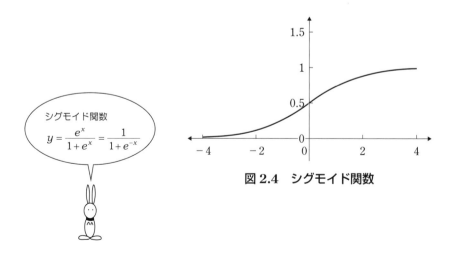

図2.4 シグモイド関数

【データ入力の型】

表 2.1 のデータは，次のように入力し，予測したい被験者のデータを，最後のケースの下に追加します．

	脳卒中	肥満	飲酒	喫煙	血圧
1	0	1	0	0	0
2	0	0	0	0	0
3	1	1	1	1	1
4	1	1	0	1	1
5	1	0	1	1	1
6	0	1	1	0	0
7	1	0	1	1	1
8	1	1	0	1	1
9	1	0	1	1	1
10	1	1	1	1	0
11	1	1	1	1	1
12	1	1	1	1	0
13	1	1	0	0	1
14	1	0	1	0	1
15					
...					
52	0				
53	1	1			
54	0	0			
55	1	0			
56	1	1			
57	1	0			
58	0	0			
59	0	0			
60	0	0			
61		1			
62					

> ここでは変数の尺度は **名義** にしています

	脳卒中	肥満	飲酒	喫煙	血圧
1	危険性なし	肥満	飲まない	禁煙	正常
2	危険性なし	正常	飲まない	禁煙	正常
3	危険性あり	肥満	飲む	喫煙	高い
4	危険性あり	肥満	飲まない	喫煙	高い
5	危険性あり	正常	飲む	喫煙	高い
6	危険性なし	肥満	飲む	禁煙	正常
7	危険性あり	正常	飲む	喫煙	高い
8	危険性あり	肥満	飲まない	喫煙	高い
9	危険性あり	正常	飲む	喫煙	高い
10	危険性あり	肥満	飲む	喫煙	正常
11	危険性あり	肥満	飲む	喫煙	高い
12	危険性あり	肥満	飲む	喫煙	正常
13	危険性あり	肥満	飲まない	禁煙	高い
14	危険性あり	正常	飲む	禁煙	高い
15	危険性あり	肥満	飲まない	禁煙	正常
...					
52	危険性なし	正常	飲まない	禁煙	正常
53	危険性あり	肥満	飲む	喫煙	高い
54	危険性なし	正常	飲まない	禁煙	高い
55	危険性あり	正常	飲む	喫煙	高い
56	危険性あり	肥満	飲まない	喫煙	高い
57	危険性あり	正常	飲まない	禁煙	高い
58	危険性なし	正常	飲まない	禁煙	正常
59	危険性なし	正常	飲まない	喫煙	高い
60	危険性なし	正常	飲まない	禁煙	正常
61		肥満	飲む	喫煙	高い
62					

> 予測したい方の脳卒中のセルは空欄にしておきます

> この条件の場合の脳卒中の可能性を予測します

2.1 はじめに 31

2.2 階層型ニューラルネットワークのための手順

【統計処理の手順】

手順 1 データを入力したら，分析(A) をクリック．
メニューから，ニューラルネットワーク(W) ⇨ 多層パーセプトロン(M)
を選択します．

注意！ ニューラルネットワークの未知パラメータの値とシナプスの重みは分析をおこなうたびに異なった数値になります．

手順 2 次の画面になったら,

　　脳卒中 を 従属変数(D)

　　肥満,飲酒,喫煙,血圧 を 共変量(C)

に移動します.

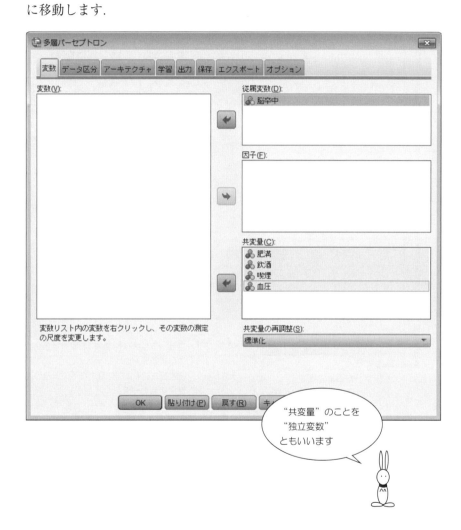

"共変量"のことを
"独立変数"
ともいいます

手順3 データ区分 タブをクリックすると，次の画面になります．

続いて……

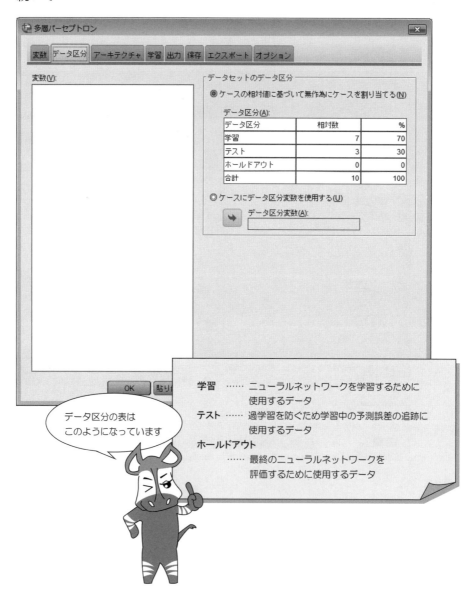

34　第2章　階層型ニューラルネットワーク

手順 ④ アーキテクチャ タブをクリックすると，次の画面になります．
カスタム構築(C) を選んだら，次のように選択します．

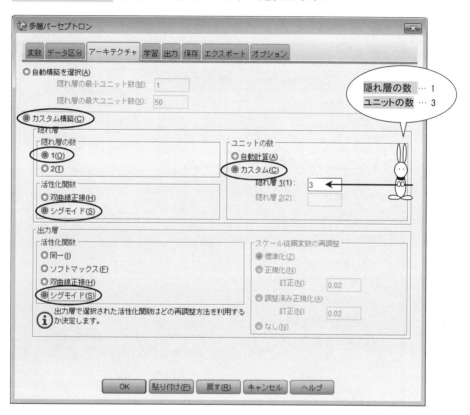

双曲線正接とは
Hyperbolic Tangent
のことです

2.2 階層型ニューラルネットワークのための手順　35

手順 5 出力タブをクリックすると，次の画面になります．

☐ シナプスの重み(S)

をチェックしましょう．

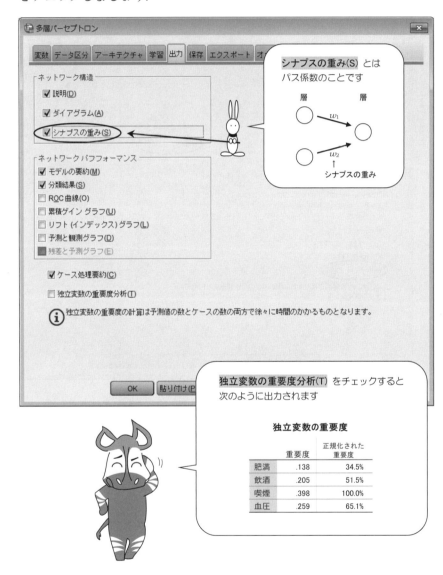

36 第2章 階層型ニューラルネットワーク

手順 ⑥ 保存 タブをクリックすると，次の画面になります．

☐ 従属変数ごとの予測値または予想カテゴリを保存(S)

をチェックして，最後に OK ボタンをマウスでカチッ！

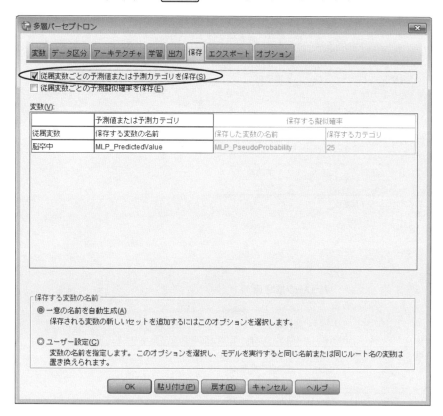

2.2 階層型ニューラルネットワークのための手順　37

【SPSS による出力・その 1】

ネットワーク情報

入力層	共変量	1		肥満
		2		飲酒
		3		喫煙
		4		血圧
	ユニット数[a]			4
	共変量のリスケール方法			標準化
隠れ層	隠れ層の数			1
	隠れ層1のユニット数			3
	活性化関数			S 字曲線
出力層	従属変数	1		脳卒中
	ユニット数			2
	活性化関数			S 字曲線
	誤差関数			平方和

←①

a. バイアス ユニットは除外

パラメータ推定値

		予測値				
		隠れ層 1			出力層	
予測値		H(1:1)	H(1:2)	H(1:3)	[脳卒中=0]	[脳卒中=1]
入力層	(バイアス)	−.162	.483	−.298		
	肥満	−1.400	3.744	−2.460		
	飲酒	−3.798	2.377	−4.881		
	喫煙	−2.513	6.745	−5.370		
	血圧	−2.266	6.512	−3.440		
隠れ層 1	(バイアス)				−7.110	7.605
	H(1:1)				5.730	−5.282
	H(1:2)				−1.080	−.715
	H(1:3)				9.575	−7.970

②

【出力結果の読み取り方・その1】

←①② 図にすると，次のようになります．

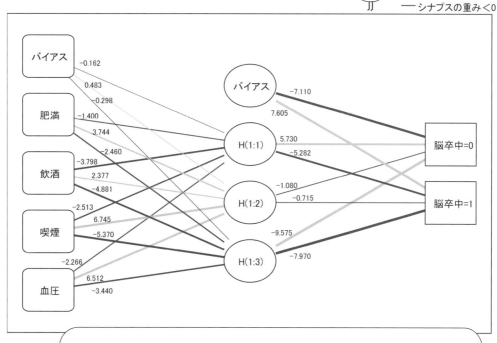

実行するたびに出力されるパラメータが変わります

パラメータ推定値

予測値		隠れ層1 H(1:1)	H(1:2)	H(1:3)	出力層 [脳卒中=0]	[脳卒中=1]
入力層	(バイアス)	.256	.201	−.035		
	肥満	.652	1.348	−1.239		
	飲酒	.461	2.568	−2.189		
	喫煙	.924	2.700	−2.503		
	血圧	1.070	2.589	−1.775		
隠れ層1	(バイアス)				−1.024	.954
	H(1:1)				−1.802	1.245
	H(1:2)				.101	.297
	H(1:3)				3.661	−3.457

2.2 階層型ニューラルネットワークのための手順　39

【SPSSによる出力・その2】

	脳卒中	肥満	飲酒	喫煙	血圧	MLP_Predicted Value	MLP_PseudoPr obability_1	MLP_PseudoPr obability_2
1	0	1	0	0	0	0	1.000	.004
2	0	0	0	0	0	0	1.000	.004
3	1	1	1	1	1	1	.000	.999
4	1	1	0	1	1	1	.001	.998
5	1	0	1	1	1	1	.000	.999
6	0	1	1	0	0	0	.996	.040
7	1	0	1	1	1	1	.000	.999
8	1	1	0	1	1	1	.001	.998
9	1	0	1	1	1	1	.000	.999
10	1	1	1	1	0	1	.000	.999
11	1	1	1	0	1	1	.000	.999
12	1	1	1	1	0	1	.000	.999
13	1	1	1	0	1	1	.000	.999
14	1	0	1	0	1	0	.714	.686
15	0	1	0	0	0	0	1.000	.004
16	1	1	1	1	1	1	.000	.999
17	1	0	1	0	1	1	.003	.998
18	1	0	1	1	1	1	.000	.999
19	1	1	1	1	1	1	.001	.998
20	1	1	0	1	1	1	.001	.998
21	0	0	1	0	0	0	1.000	.004
			1				.000	
	0		0					.004
53	1	1		1	1	1	.000	.999
54	0	0	0	1	1	0	.586	.356
55	1	0	1	1	1	1	.000	.999
56	1	1	0	1	1	1	.001	.998
57	1	0	0	0	1	0	1.000	.004
58	0	0	0	0	0	0	1.000	.004
59	0	0	0	1	1	0	.586	.356
60	0	0	0	0	0	0	1.000	.004
61	.	1	1	1	1	1	.000	.999	← ③
62								

被験者No.61の予測値です

こっちは被験者No.61の予測される確率です

40　第2章　階層型ニューラルネットワーク

【出力結果の読み取り方・その2】

← ③ 予測したいのは被験者No.61の人についてです．

被験者No.61の予測値は1になっています．

したがって，脳卒中の可能性が高いことがわかります．

こういう結果も出力されます

モデルの要約

学習	平方和の誤差	3.104
	誤った予測値の割合	9.5%
	停止規則の使用	減少のない1継続ステップがエラーです[a]
	学習時間	0:00:00.03
テスト	平方和の誤差	.426
	誤った予測値の割合	0.0%

従属変数：脳卒中

a. 誤差の計算は、学習サンプルに基づいています。

分類

サンプル	観測	予測値 危険性なし	予測値 危険性あり	正解の割合
学習	危険性なし	17	1	94.4%
	危険性あり	3	21	87.5%
	全体の割合	47.6%	52.4%	90.5%
テスト	危険性なし	8	0	100.0%
	危険性あり	0	10	100.0%
	全体の割合	44.4%	55.6%	100.0%

従属変数：脳卒中

第3章 ロジスティック回帰分析

3.1 はじめに

次のデータは，前立腺疾患の患者に対し，リンパ腺にガンが転移しているかどうかを調査した結果です．

表3.1 ガンはリンパ腺に転移しているか？

No.	X線写真	ステージ	悪性腫瘍	年齢	血清酸性	リンパ腺
1	所見なし	安定	非攻撃性	58	50	転移なし
2	所見なし	安定	非攻撃性	60	49	転移なし
3	所見あり	安定	非攻撃性	65	46	転移なし
4	所見あり	安定	非攻撃性	60	62	転移なし
5	所見なし	安定	攻撃性	50	56	転移あり
6	所見あり	安定	非攻撃性	49	55	転移なし
7	所見なし	安定	非攻撃性	61	62	転移なし
8	所見なし	安定	非攻撃性	58	71	転移なし
9	所見なし	安定	非攻撃性	51	65	転移なし
10	所見あり	安定	攻撃性	67	67	転移あり
⋮	⋮	⋮	⋮	⋮	⋮	⋮
52	所見なし	安定	非攻撃性	66	50	転移なし
53	所見なし	安定	非攻撃性	56	52	転移なし

ロジスティック回帰分析については『SPSSによる医学・歯学・薬学のための統計解析』も参考になります

> **分析したいことは？**
>
> ◉ X線写真による所見，ステージの状態，悪性腫瘍の種類，年齢，
> 血清酸性ホスファターゼの値から，ガンが
> リンパ腺に転移しているかどうかを予測したい．
> ◉ また，転移しているかどうか，判別できるだろうか？

このようなときには，ロジスティック回帰分析をしましょう！

でも，その前に，変数の説明です．

> X線写真 …… X線写真によるガンの所見を示している．
> 　　　所見あり=1，所見なし=0
>
> ステージ …… ガンの進行状態を表している．
> 　　　進行＝症状が進んでいる＝1
> 　　　安定＝症状が進んでいない＝0
>
> 腫瘍の種類 … 攻撃性のガンかどうかを調べている．
> 　　　攻撃性=1，非攻撃性=0
>
> 血清酸性ホスファターゼ …… 腫瘍が転移していると，この値が高くなる．
>
> リンパ腺 …… リンパ腺にガンが転移しているかどうかを調べている．
> 　　　転移あり=1，転移なし=0

【ロジスティック回帰分析のモデル式】

ロジスティック回帰分析は,

$$\log \frac{p}{1-p} = \beta_1 x_1 + \beta_2 x_2 + \cdots + \beta_p x_p + \beta_0$$

というモデル式を考えるので,回帰という名前が付いています.

この式を変形すると

$$p = \frac{e^{\beta_1 x_1 + \beta_2 x_2 + \cdots + \beta_p x_p + \beta_0}}{1 + e^{\beta_1 x_1 + \beta_2 x_2 + \cdots + \beta_p x_p + \beta_0}}$$

←指数関数
$e^x = \mathrm{Exp}(x)$

になります.

p の値は $0 < p < 1$ の範囲をとるので,ロジスティック回帰分析は比率や確率を予測したいときに利用されますが,
p の値の範囲を利用して,判別分析にも利用することができます.

たとえば,2つのグループに分かれているときは

$$\begin{cases} 0 < p < 0.5 & \text{のとき,転移していないグループに属する} \\ 0.5 < p < 1 & \text{のとき,転移しているグループに属する} \end{cases}$$

とします.

表3.1のデータの場合には

$$p = \Pr\{\text{リンパ腺} = 1\}, \qquad 1-p = \Pr\{\text{リンパ腺} = 0\}$$

となります.

【データ入力の型】

表3.1のデータは，次のように入力します．

ダミー変数の
取り扱い方はp.4

値ラベルがあると便利です
変数ビューを利用しましょう

> X線写真 …… 1＝所見あり，0＝所見なし
> ステージ …… 1＝症状が進んでいる，0＝症状が進んでいない
> 悪性腫瘍 …… 1＝攻撃性腫瘍，0＝非攻撃性腫瘍
> 年齢 ………… 患者さんの年齢
> 血清酸性ホスファターゼ …… 腫瘍が転移していると高くなる
> リンパ腺 …… 1＝転移あり，0＝転移なし

3.1 はじめに 45

3.2 ロジスティック回帰分析のための手順

【統計処理の手順】

手順 1 データを入力したら，分析(A) をクリック．

手順 2 メニューから 回帰(R) ⇨ 二項ロジスティック(G) を選択．

手順3 リンパ腺への転移を予測したいので，リンパ腺をカチッとして
従属変数(D) の左の ➡ をクリック．

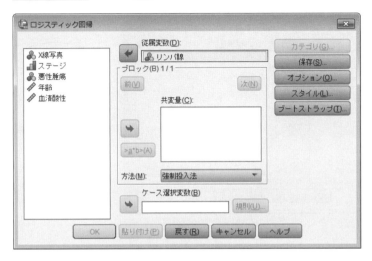

手順4 リンパ腺が 従属変数(D) の中に入ったら，➡ を利用して，
残りの変数は 共変量(C) の中へ入れます．

交互作用を
定義したいときは
a＊b
を利用します

手順 5 表3.1にはカテゴリカルデータが入っているので，
カテゴリ(G) をクリックしてみると，次のようになります．

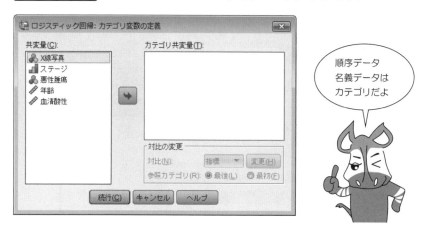

手順 6 そこで，X線写真，ステージ，悪性腫瘍を カテゴリ共変量(T) に移動．
参照カテゴリ(R) は 最初(F) をクリックして，
さらに 変更(H) もカチッ．そして，続行(C)．

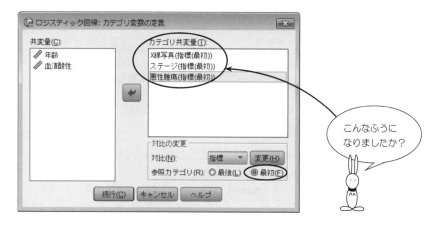

手順 7 すると，画面が次のようになるので……

次に，保存(S) をカチッ．

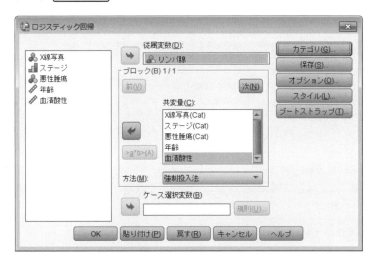

手順 8 保存の画面が現れたら

  □ 確率(P)

  □ 所属グループ(G)

  □ Cook の統計量(C)

  □ てこ比の値(L)

をチェック．

そして，続行(C)．

画面は**手順 7** へもどります．

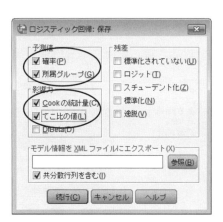

3.2 ロジスティック回帰分析のための手順　49

手順9 次に オプション(O) をクリックすると，次の画面になるので
　　　　☐ 分類プロット(C)　　　☐ Hosmer-Lemeshow の適合度(H)
をチェックして， 続行(C) ．

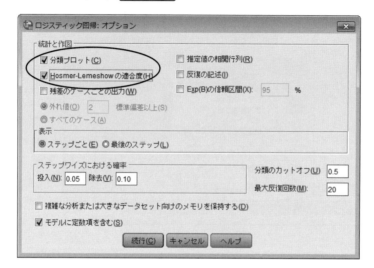

手順10 次の画面にもどってきたら， OK ボタンをマウスでカチッ！

ところで,手順5で カテゴリ(G) をクリックしなければどうなるのでしょうか?

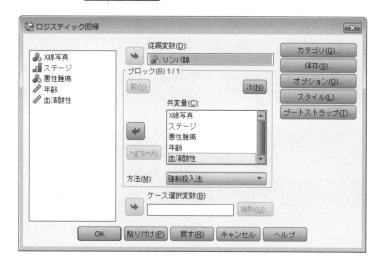

この画面の状態で OK ボタンを押すと,出力結果は次のようになります.

方程式中の変数

		B	標準誤差	Wald	自由度	有意確率	Exp(B)
ステップ1[a]	X線写真	2.045	.807	6.421	1	.011	7.732
	ステージ	1.564	.774	4.084	1	.043	4.778
	悪性腫瘍	.761	.771	.976	1	.323	2.141
	年齢	-.069	.058	1.432	1	.231	.933
	血清酸性	.024	.013	3.423	1	.064	1.025
	定数	.062	3.460	.000	1	.986	1.064

a. ステップ1: 投入された変数 X線写真,ステージ,悪性腫瘍,年齢,血清酸性

p.54の出力結果と比較してみましょう.カテゴリが2つに分かれている場合には,
カテゴリ(G) をクリックしなくても,出力結果は同じになります.

【SPSSによる出力・その1】 ——ロジスティック回帰分析——

ロジスティック回帰

モデル係数のオムニバス検定

		カイ2乗	自由度	有意確率
ステップ1	ステップ	22.126	5	.000
	ブロック	22.126	5	.000	← ③
	モデル	22.126	5	.000

モデルの要約

ステップ	−2 対数尤度	Cox-Snell R2 乗	Nagelkerke R2 乗
1	48.126[a]	.341	.465	← ①②

a. パラメータ推定値の変化が .001 未満であるため、反復回数 5 で推定が打ち切られました。

Hosmer と Lemeshow の検定

ステップ	カイ2乗	自由度	有意確率
1	5.954	8	.652	← ④

Hosmer と Lemeshow の検定の分割表

		リンパ腺 = 転移なし		リンパ腺 = 転移あり		合計
		観測	期待	観測	期待	
ステップ1	1	5	4.807	0	.193	5
	2	5	4.659	0	.341	5
	3	5	4.441	0	.559	5
	4	3	4.185	2	.815	5
	5	3	3.907	2	1.093	5	← ⑤
	6	3	3.473	2	1.527	5
	7	4	2.913	1	2.087	5
	8	3	2.357	2	2.643	5
	9	1	1.429	4	3.571	5
	10	1	.830	7	7.170	8

【出力結果の読み取り方・その1】

←①　モデルに共変量X線写真から年齢までを含めたときの,
　　　−2対数尤度が48.126.
　　　　−2対数尤度の小さいモデルの方が,あてはまりが良いと考えられています.

←②　あてはまりの良さを示す値で,NagelkerkeはCox-Snellの改良版.

←③　次の仮説を検定しています.
　　　　　　仮説 H_0：求めたロジスティック回帰式は予測に役立たない
　　　有意確率＝0.000は有意水準 $\alpha=0.05$ より小さいので,
　　この仮説 H_0 は棄てられます.つまり,求めた式は予測に役立ちます.

←④　HosmerとLemeshowの適合度検定.
　　　　　　仮説 H_0：ロジスティック回帰モデルは適合している
　　　検定統計量はカイ2乗＝5.954.その有意確率＝0.652が
　　有意水準 $\alpha=0.05$ より大きいので,仮説は棄てられません.
　　　つまり,このモデルはデータに適合しているということになります.

←⑤　53個のデータを,ほぼ同数（5個〜8個）の10グループに分けて,
　　各グループにおいて
　　　　　転移なしの観測度数と期待度数,転移ありの観測度数と期待度数
　　を求めています.たとえば,5番目のグループでは5個のデータのうち
　　観測度数が,転移なしに3個,転移ありに2個に分かれており,
　　その期待度数が3.907個と1.093個になっています.

【SPSSによる出力・その2】 ──ロジスティック回帰分析──

分類テーブル [a]

			予測		
			リンパ腺		
	観測		転移なし	転移あり	正解の割合
ステップ1	リンパ腺	転移なし	28	5	84.8
		転移あり	7	13	65.0
	全体のパーセント				77.4

← ⑥

a. カットオフ値は .500 です

方程式中の変数

		B	標準誤差	Wald	自由度	有意確率	Exp(B)
ステップ1[a]	X線写真(1)	2.045	.807	6.421	1	.011	7.732
	ステージ(1)	1.564	.774	4.084	1	.043	4.778
	悪性腫瘍(1)	.761	.771	.976	1	.323	2.141
	年齢	-.069	.058	1.432	1	.231	.933
	血清酸性	.024	.013	3.423	1	.064	1.025
	定数	.062	3.460	.000	1	.986	1.064

← ⑦

a. ステップ1: 投入された変数 X線写真, ステージ, 悪性腫瘍, 年齢, 血清酸性

カテゴリカルデータのときは共変量の後に(1)が付くよ

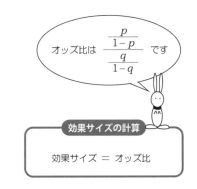

オッズ比は $\dfrac{\dfrac{p}{1-p}}{\dfrac{q}{1-q}}$ です

効果サイズの計算

効果サイズ = オッズ比

【出力結果の読み取り方・その2】

←⑥　転移なしのグループと転移ありのグループの
　　正答率を求めています．

←⑦　ロジスティック回帰式は，次のようになります．

$$\log \frac{p}{1-p} = 2.045 \times \boxed{\text{X線写真(1)}} + 1.564 \times \boxed{\text{ステージ(1)}}$$
$$+ 0.761 \times \boxed{\text{悪性腫瘍(1)}} - 0.069 \times \boxed{\text{年齢}}$$
$$+ 0.024 \times \boxed{\text{血清酸性}} + 0.062$$

　　Wald統計量は，次の仮説を検定しています．
　　　　　仮説 H_0：その共変量は予測に役立たない
　たとえば，X線写真(1)とステージ(1)の有意確率0.011と0.043は，共に有意水準の0.05より小さいので，それぞれ，仮説 H_0 は棄てられます．
　つまり，X線写真とステージはリンパ腺への転移の予測に役立つと考えられます．

　Exp(B)はオッズ比です．たとえば，
　Exp(B) = 7.732はX線写真のオッズ比で，リンパ腺とX線写真の関連を調べています．つまり……
　　　X線写真で所見ありの方が，所見なしより，リンパ腺転移が約7.7倍
ということです．

　オッズ比が1に近いと，リンパ腺との関連はあまりありません．
　血清酸性のExp(B)は1.025なので，
リンパ腺と**血清酸性**の間の関連は低いことがわかります．

【SPSSによる出力・その3】 ──ロジスティック回帰分析──

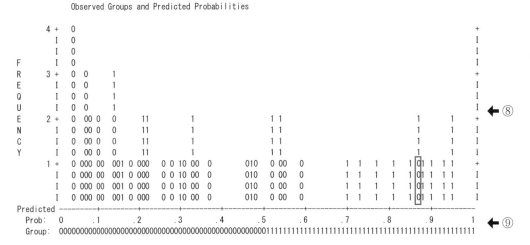

【出力結果の読み取り方・その3】

←⑧ | 0 |
　　| 0 |　←これで1個のデータを表現しています．
　　| 0 |
　　| 0 |

　転移なしのデータが，確率 0.88 のあたりに1個まぎれこんでいるのがわかります！

←⑨　横軸がリンパ腺への転移の確率を表現しています．
　　　　● 0〜0.5 …… 転移なし = 0
　　　　● 0.5〜1 …… 転移あり = 1

> ロジスティック回帰分析はグループの判別に利用できます

←⑩　PRE_1 = 予測確率

　　PGR_1 = 予測される所属グループ

　　COO_1 = クックの距離
　　　あるデータが，その分析結果にどの程度影響を与えているかを表す量．
　　　この値が大きいときは外れ値の可能性があります．

　　LEV_1 = てこ比
　　　てこ比は，あるデータが予測に与える影響の大きさを示しています．
　　　てこ比が 0.5 より大きい場合，そのデータは分析から除いた方がよいといわれています．

第4章 プロビット分析

4.1 はじめに

次のデータは，3種類の殺虫剤による害虫駆除の効果を調べた結果です．

表 4.1　3種類の殺虫剤による害虫駆除

No.	薬の種類	薬の濃度	散布時間	観測全数	死亡数
1	薬剤 A	10.23	4	50	44
2	薬剤 A	7.76	3	49	42
3	薬剤 A	5.13	3	46	24
4	薬剤 A	3.80	2	48	16
5	薬剤 A	2.57	1	50	6
6	薬剤 B	50.12	5	48	48
7	薬剤 B	40.74	5	50	47
8	薬剤 B	30.20	5	49	47
9	薬剤 B	20.42	2	48	34
10	薬剤 B	10.00	1	48	18
11	混合剤	25.12	5	50	48
12	混合剤	20.42	4	46	43
13	混合剤	15.14	3	48	38
14	混合剤	10.00	2	46	27

> **分析したいことは？**
>
> ◉ 薬の濃度をどのくらいにすると，害虫の死亡率がどのくらいになるのか？

死亡率のような比率を分析する方法に，プロビット分析があります．

プロビット分析のモデル式は，

$$\mathrm{Probit}(p) = \beta_1 x_1 + \beta_2 x_2 + \cdots + \beta_p x_p + \beta_0$$

という形をしているので，比率 p

$$0 \leq p \leq 1$$

を分析するのに適した統計手法です．

表 4.1 のデータには，死亡率がありません．
そこで，はじめに

$$死亡率 = \frac{死亡数}{観測全数}$$

と定義し，この比率について

$$\mathrm{Probit}(死亡率) = b_1 \times \boxed{薬の濃度} + b_2 \times \boxed{散布時間} + b_0$$

のような式を求めます．

モデル式の右側は
重回帰式と同じ形で～す

Probit（ ）＝プロビット変換

プロビット分析の
利用法はいろいろ
ありますが……

限界効果
（マージナル効果）を
調べることができます

【プロビット分析──失敗の例──】

ところで，表 4.1 のデータをそのまま使って，プロビット分析してみると……

出力結果は次のようになります．

カイ 2 乗検定

		カイ 2 乗	自由度	有意確率
PROBIT	Pearson 適合度検定	27.098	9	.001
	平行性の検定	17.304	2	.000

a. 個別のケースに基づく統計量は、ケースの集計に基づく統計量とは異なります。

適合度検定のところを見ると，有意確率は 0.001 なので，次の仮説

　　　　　仮説 H_0：求めたプロビットの式はよくあてはまっている

は棄却されます．つまり，このプロビット分析は失敗です．

失敗の原因はどこにあるのでしょうか？

プロビット分析は，

　　　プロビット変換された死亡率と薬の濃度・散布時間との 1 次式

つまり，線型の関係を調べています．

ところが，Probit（死亡率）と薬の濃度の散布図を描いてみると図 4.1 のようになってしまいます．

散布図の描き方は
『SPSS による統計処理の手順』
を参考にしてくださいね

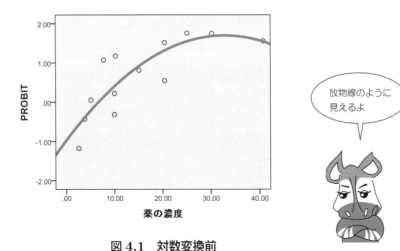

図 4.1 対数変換前

これでは，直線（＝線型）の関係とは考えにくいですね．

そこで，薬の濃度を対数変換してから，散布図を描くと……

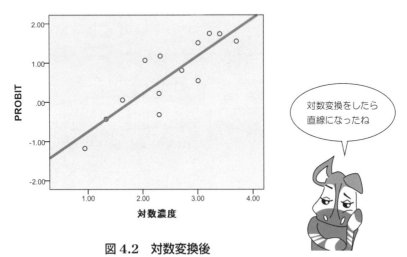

図 4.2 対数変換後

今度はうまくいきそうです!!

したがって，表 4.1 のデータの場合には，薬の濃度を一度，対数変換しておかなければなりません．

対数変換は，変換(T) ⇨ 変数の計算(C) を選んでから次のように入力し，OK ボタンを押すだけです．

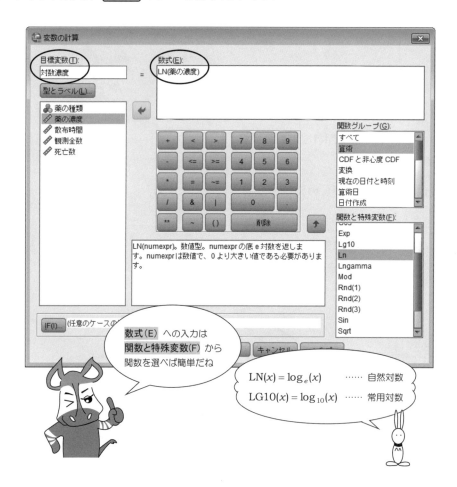

データファイルのところに，対数濃度という新しい変数ができあがります． ☞ p.63

【データ入力の型】

表 4.1 のデータは，次のように入力します．

	薬の種類	薬の濃度	散布時間	観測全数	死亡数	対数濃度
1	1	10.23	4	50	44	2.33
2	1	7.76	3	49	42	2.05
3	1	5.13	3	46	24	1.64
4	1	3.80	2	48	16	1.34
5	1	2.57	1	50	6	.94
6	2	50.12	5	48	48	3.91
7	2	40.74	5	50	47	3.71
8	2	30.20	5	49	47	3.41
9	2	20.42	2	48	34	3.02
10	2	10.00	1	48	18	2.30
11	3	25.12	5	50	48	3.22
12	3	20.42	4	46	43	3.02
13	3	15.14	3	48	38	2.72
14	3	10.00	2	46	27	2.30
15						

← 対数変換後は
このように
なるはず！

変数ビューで
値ラベルを付けると……

	薬の種類	薬の濃度	散布時間	観測全数	死亡数	対数濃度
1	薬剤A	10.23	4	50	44	2.33
2	薬剤A	7.76	3	49	42	2.05
3	薬剤A	5.13	3	46	24	1.64
4	薬剤A	3.80	2	48	16	1.34
5	薬剤A	2.57	1	50	6	.94
6	薬剤B	50.12	5	48	48	3.91
7	薬剤B	40.74	5	50	47	3.71
8	薬剤B	30.20	5	49	47	3.41
9	薬剤B	20.42	2	48	34	3.02
10	薬剤B	10.00	1	48	18	2.30
11	混合剤	25.12	5	50	48	3.22
12	混合剤	20.42	4	46	43	3.02
13	混合剤	15.14	3	48	38	2.72
14	混合剤	10.00	2	46	27	2.30
15						

このデータでは
　対数濃度＝$\log_e$（薬の濃度）
としていますが
　対数濃度＝$\log_{10}$（薬の濃度）
の場合についても調べてみましょう

4.2 プロビット分析のための手順

【統計処理の手順】

手順 1 データを入力したら，分析(A) をクリック．

手順 2 そこで，メニューから 回帰(R) ⇨ プロビット(P) と選択します．

手順 3 死亡数を 応答度数変数(S) の中へ，観測全数を
総観測度数変数(T) の中に入れます．

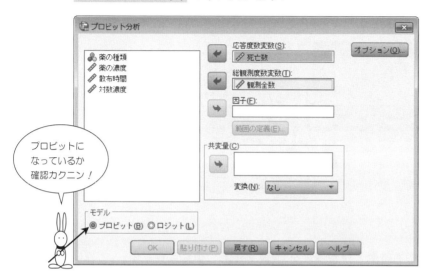

手順 4 次に薬の種類を 因子(F) の中へ入れると，薬の種類(? ?)となるので，
範囲の定義(E) をクリックします．

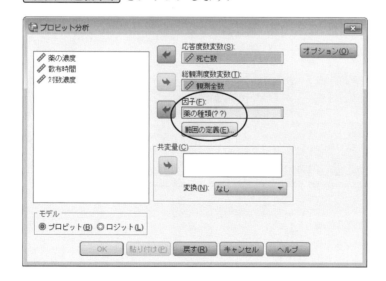

手順5 すると，次のような小さな画面が現れるので，
最小(N) のところに1を，最大(X) のところに3を入力します．
そして，続行(C) .

手順6 最後に，散布時間と対数濃度を 共変量(C) の中に入れます．

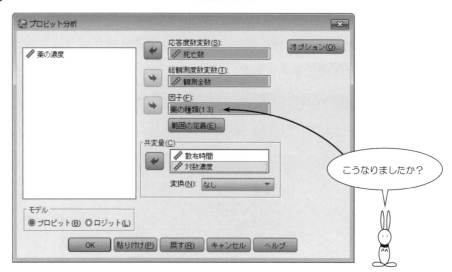

手順 7 ところで，オプション(O) をクリックしてみると

☐ 平行性の検定(P)

があるので，これをチェックして，続行(C) をクリック．

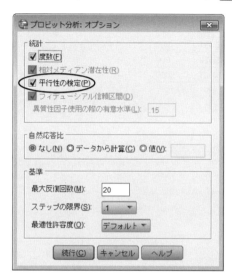

手順 8 次の画面にもどったら，OK ボタンをマウスでカチッ！

【SPSS による出力・その1】 ――プロビット分析――

パラメータ推定値

	パラメータ	推定値	標準誤差	Z	有意確率
PROBIT	散布時間	.055	.131	.420	.674
	対数濃度	1.559	.352	4.424	.000
	定数項 薬剤A	−2.590	.307	−8.431	.000
	薬剤B	−4.103	.743	−5.522	.000
	混合剤	−3.511	.605	−5.801	.000

　　　　　　　　　　　↑　　　　　　↑
　　　　　　　　　　　①　　　　　　②

パラメータ推定値の共分散と相関

		散布時間	対数濃度
PROBIT	散布時間	.017	−.925
	対数濃度	−.043	.124

共分散(下)と相関(上)。

カイ2乗検定

		カイ2乗	自由度	有意確率	
PROBIT	Pearson 適合度検定	7.426	9	.593	← ④
	平行性の検定	3.450	2	.178	← ③

a. 個別のケースに基づく統計量は、ケースの集計に基づく統計量とは異なります。

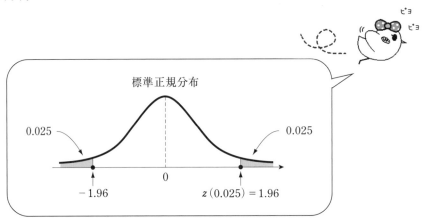

【出力結果の読み取り方・その1】

← ① 3種類の殺虫剤に対し，プロビットモデルの式は

薬剤A　Probit（死亡 率 ）＝1.559×log（ 薬の濃度 ）＋0.055× 散布時間 －2.590
薬剤B　Probit（死亡 率 ）＝1.559×log（ 薬の濃度 ）＋0.055× 散布時間 －4.103
混合剤　Probit（死亡 率 ）＝1.559×log（ 薬の濃度 ）＋0.055× 散布時間 －3.511

となっています．

← ② Zは，次の仮説の検定統計量です．

仮説 H_0：散布時間の係数は0である

仮説 H_0：対数濃度の係数は0である

対数濃度の有意確率 0.000 は 0.05 以下なので，仮説 H_0 は棄てられます．

したがって，対数濃度は共変量として意味があります．

← ③ 平行性の検定

仮説 H_0：3つのグループのモデル式の係数は等しい

を検定しています．検定統計量 3.450 の有意確率 0.178 が，
有意水準 0.05 より大きくなっているので，
仮説 H_0 は棄てられません．

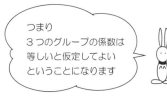

つまり
3つのグループの係数は
等しいと仮定してよい
ということになります

← ④ モデルの適合度検定

仮説 H_0：求めたプロビットモデルはよくあてはまっている

を検定しています．有意確率 P＝0.593 が有意水準 0.05 より大きいので，
この仮説 H_0 は棄てられません．

したがって，求めたモデルのあてはまりは良いと考えられます．

【SPSSによる出力・その2】 ――プロビット分析――

セル度数と残差

	数値	薬の種類	散布時間	対数濃度	被験者数	観測された回答数	期待される応答数	残差	確率
PROBIT	1	1	4.000	2.325	50	44	44.760	-.760	.895
	2	1	3.000	2.049	49	42	38.174	3.826	.779
	3	1	3.000	1.635	46	24	25.267	-1.267	.549
	4	1	2.000	1.335	48	16	16.559	-.559	.345
	5	1	1.000	.944	50	6	7.189	-1.189	.144
	6	2	5.000	3.914	48	48	47.448	.552	.988
	7	2	5.000	3.707	50	47	48.721	-1.721	.974
	8	2	5.000	3.408	49	47	45.620	1.380	.931
	9	2	2.000	3.017	48	34	36.517	-2.517	.761
	10	2	1.000	2.303	48	18	15.509	2.491	.323
	11	3	5.000	3.224	50	48	48.160	-.160	.963
	12	3	4.000	3.017	46	43	42.362	.638	.921
	13	3	3.000	2.717	48	38	39.036	-1.036	.813
	14	3	2.000	2.303	46	27	26.438	.562	.575

⑤

【出力結果の読み取り方・その2】

↑⑤ 確率＝予測確率を求めています．たとえば

$$0.895 = \frac{44.760}{50.0} \qquad 0.779 = \frac{38.174}{49.0}$$

【プロビット分析の問題】

問題 死亡率が50%のときの薬剤Aの薬の濃度を調べたいときには，どうすれば良いのでしょうか？

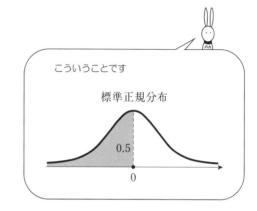

こういうことです
標準正規分布

解答 実は，プロビット変換では
$$\text{Probit}(0.5) = 0$$
となっているので，次の方程式
$$0 = 1.559 \times \log(\boxed{薬の濃度}) + 0.055 \times \boxed{散布時間} - 2.590$$
を解けば良いことがわかります．

たとえば，薬剤Aの散布時間 = 1 のときは
$$0 = 1.559 \times \log(\boxed{薬の濃度}) + 0.055 \times 1 - 2.590$$

$$\log(\boxed{薬の濃度}) = \frac{2.590 - 0.055}{1.559}$$
$$= 1.626$$
$$\boxed{薬の濃度} = \text{Exp}(1.626)$$
$$= 5.084$$

← $5.084 = e^{1.626}$

となります．

死亡率を95%にしたいときには，$\text{Probit}(0.95) = 1.64$ なので
$$1.64 = 1.559 \times \log(\boxed{薬の濃度}) + 0.055 \times \boxed{散布時間} - 2.590$$
を解けばOKです．

第5章 非線型回帰分析

5.1 はじめに

次のデータはアメリカ合衆国の作付面積と人口調査を1790年から1960年まで，調査した結果です．

表5.1 アメリカ合衆国の人口と作付面積の変化

No.	年	十年単位	作付面積	人口調査
1	1790	0	1.5	3.895
2	1800	1	3.6	5.267
3	1810	2	5.8	7.182
4	1820	3	9.4	9.566
5	1830	4	13.1	12.834
6	1840	5	20.5	16.985
7	1850	6	44.7	23.069
8	1860	7	60.2	31.278
9	1870	8	84.5	38.416
10	1880	9	104.5	49.924
⋮	⋮	⋮	⋮	⋮
17	1950	16	274.9	150.697
18	1960	17	327.1	178.464

非線型とは
"1次式ではない"
ということです

分析したいことは？

● 人口と作付面積は，年とともにどのように変化しているのだろうか？

回帰モデルの式は，次の3つのタイプに分けられます．

タイプその1. 線型回帰モデルの式

$$Y = b_0 + b_1 x_1 + b_2 x_2$$

タイプその2. 線型回帰モデルに変換可能な式

$$Y = e^{b_0 + b_1 x_1 + b_2 x_2} \Rightarrow \log Y = b_0 + b_1 x_1 + b_2 x_2$$

$$Y = b_0 + b_1 x_1 + b_2 x_2^2 \Rightarrow Y = b_0 + b_1 x_1 + b_2 x_3$$

$x_3 = x_2^2$

タイプその3. 線型回帰モデルに変換不可能な式

$$Y = b_0 + e^{b_1 x_1} + e^{b_2 x_2}$$

統計では
"パラメータに関して線型"
とか
"パラメータに関して非線型"
という表現をします

表 5.1 のデータには，どの回帰式が最適なのでしょうか？

とりあえず，散布図を描いてみると……

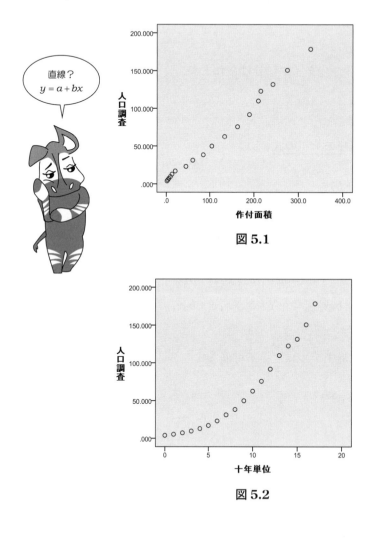

図 5.1

図 5.2

この曲線にあてはまる回帰式は ??

74　第 5 章　非線型回帰分析

作付面積と人口調査の散布図では，ほぼ直線のように見えるので
$$\boxed{人口調査} = 定数 + 定数 \times \boxed{作付面積} \qquad \Leftarrow Y = a + bx$$
といった式を連想させます．

また，十年単位と人口調査の散布図を見ると，増加の状態が指数関数のようなので
$$\boxed{人口調査} = e^{定数 \times \boxed{十年単位}} \qquad \Leftarrow Y = e^{cT}$$
ですね．

以上のことから，次の式
$$\boxed{人口調査} = a + b \times \boxed{作付面積} + e^{c \times \boxed{十年単位}}$$
を取り上げることにしましょう．

この a, b, c のことをパラメータといいます．

ところで，非線型回帰分析をするときには，このパラメータ a, b, c の初期値を決めておく必要があります．

ところで，表 5.1 のデータの場合には
$$\boxed{人口調査} = a + b \times \boxed{作付面積} + c \times e^{d \times \boxed{十年単位}}$$
の方が，もっと良い回帰式かもしれませんね．

時間のある人は，ぜひ試してみましょう．

【パラメータの初期値の決め方】

たとえば，メンドーだからといって初期値を
$$a = 0, \quad b = 0, \quad c = 0$$
と決めて置くと，たいてい，失敗してしまいます．

この式
$$Y = a + bx + e^{cT}$$
は，次の2つの部分から成り立っています．

【部分1】 …… $Y = a + bx$

【部分2】 …… $Y = e^{cT}$

そこで，SPSSの曲線推定を利用して，3つのパラメータの初期値を決定しましょう．

$Y = e^{cT}$ は定数項を含みません

初期値の決め方は他にもいろいろあるよ！

【部分1】 分析(A) ⇨ 回帰(R) ⇨ 曲線推定(C) をクリック．

曲線推定の画面に，次のように変数を入れたら， OK ボタンをカチッ！

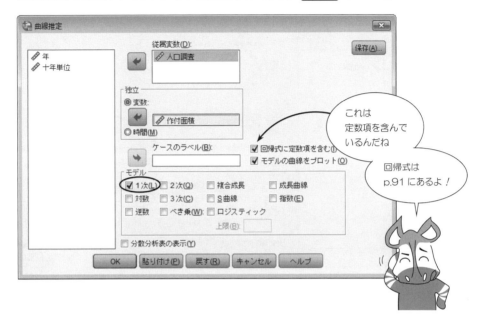

出力結果は

モデル要約とパラメータ推定値

従属変数: 人口調査

方程式（等式）	R2乗	F値	自由度1	自由度2	有意確率	定数	b1
線型（1次）	.989	1457.016	1	16	.000	.901	.526

独立変数は 作付面積 です．

$Y = 0.901 + 0.526x$

となるので，a と b の初期値を

$$a = 0.901, \quad b = 0.526$$

とします．

【部分2】 分析(A) ⇨ 回帰(R) ⇨ 曲線推定(C) をクリック.

曲線推定の画面に，次のように変数を入れたら， OK ボタンを !!

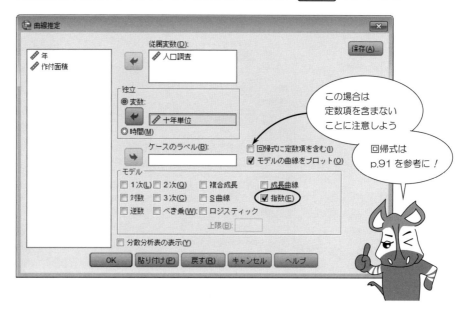

出力結果は

モデル要約とパラメータ推定値

従属変数: 人口調査

方程式（等式）	R2 乗	F 値	自由度 1	自由度 2	有意確率	パラメータ推定値 b1
指数	.946	299.338	1	17	.000	.368

独立変数は 十年単位 です.

$Y = e^{0.368T}$

となるので，c の初期値を

$$c = 0.368$$

とします.

78　第 5 章　非線型回帰分析

【データ入力の型】

表 5.1 のデータは，次のように入力します．

	年	十年単位	作付面積	人口調査
1	1790	0	1.5	3.895
2	1800	1	3.6	5.267
3	1810	2	5.8	7.182
4	1820	3	9.4	9.566
5	1830	4	13.1	12.834
6	1840	5	20.5	16.985
7	1850	6	44.7	23.069
8	1860	7	60.2	31.278
9	1870	8	84.5	38.416
10	1880	9	104.5	49.924
11	1890	10	133.6	62.692
12	1900	11	162.4	75.734
13	1910	12	189.3	91.812
14	1920	13	209.6	109.806
15	1930	14	215.2	122.775
16	1940	15	242.7	131.669
17	1950	16	274.9	150.697
18	1960	17	327.1	178.464

5.2 非線型回帰分析のための手順

【統計処理の手順】

手順 1 データを入力したら，分析(A) をクリック.

手順 2 メニューから 回帰(R) ⇨ 非線型(N) と選択します.

手順 3 非線型回帰の画面が現れたら，人口調査を 従属変数(D) の中へ入れ，
パラメータ(A) をクリックします．

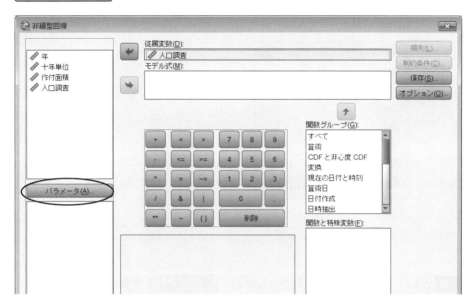

手順 4 この回帰式では，3つのパラメータ a, b, c を使うので，
まずはじめに，名前(N) のところへ a を入力．
続いて，初期値(S) のところへ 0.901 を入力します．

a の初期値は 0.901

手順 5 追加(A) をクリックすると，次のようになるので，
残りのパラメータ b, c についても，同じように入力して
追加(A) を !!

b の初期値は 0.526
c の初期値は 0.368

手順 6 ワクの中が次のようになったら，続行(C) をカチッ．
すると，画面は**手順 3** の画面にもどります．

これで**準備完了！**

82　第 5 章　非線型回帰分析

手順 7 ここで，非線型回帰式を入力します．

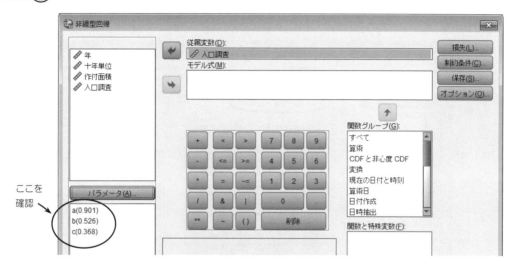

手順 8 $a+bx$ の部分は，パラメータ(A) と モデル式(M) の左の ➡ を利用して次のように入力します．

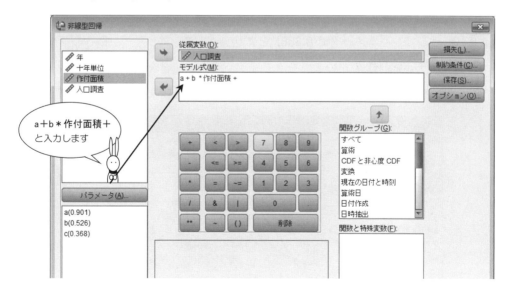

5.2 非線型回帰分析のための手順

手順 9 次に，指数関数は，関数と特殊変数(F) の中の Exp をクリック．

続いて，↑ をクリックすると EXP(?)となります．

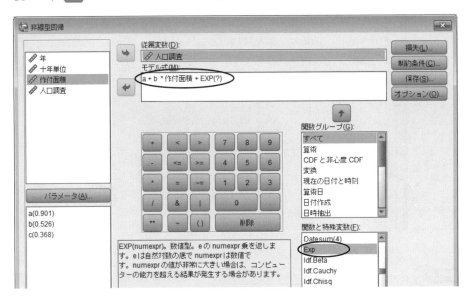

手順 10 そこで，パラメータ c(0.368) をクリックして，

モデル式(M) の左の → をクリック，さらに * をクリック．

最後に，十年単位をクリックして，モデル式(M) の左の → をクリック．

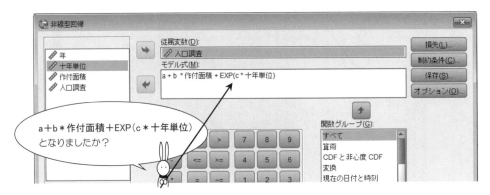

a＋b＊作付面積＋EXP(c＊十年単位)
となりましたか？

手順 11 予測値を知りたいときは 保存(S) をクリックして

□ 予測値(P)

をチェック．

予測値は
大切だなあ

手順 12 続行(C) をクリックすると次の画面になるので，

あとは， OK ボタンをマウスでカチッ！

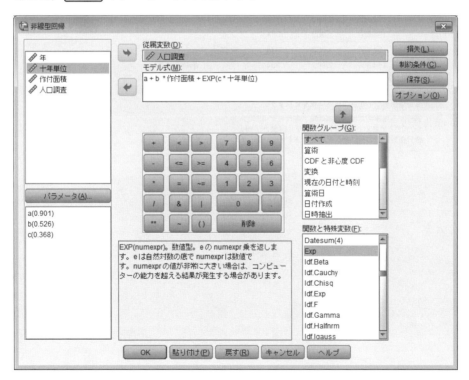

5.2 非線型回帰分析のための手順　85

【SPSSによる出力・その1】 ──非線型回帰分析──

非線型回帰分析

反復の記述[b]

反復数	残差平方和	パラメータ a	b	c	
1.0	511953.413	.901	.526	.368	←①
1.1	34668.715	4.010	.293	.318	
2.0	34668.715	4.010	.293	.318	
2.1	4099.362	3.022	.363	.274	
3.0	4099.362	3.022	.363	.274	
3.1	444.920	2.834	.389	.244	
4.0	444.920	2.834	.389	.244	
4.1	197.513	2.868	.394	.232	
5.0	197.513	2.868	.394	.232	
5.1	194.658	2.899	.394	.231	
6.0	194.658	2.899	.394	.231	
6.1	194.657	2.902	.394	.231	
7.0	194.657	2.902	.394	.231	
7.1	194.657	2.902	.394	.231	←②

微分係数は数値で計算されます。

a. 主要な反復回数が小数点の左側に表示され、副次的な反復回数が小数点の右側に表示されます。

b. 連続する残差平方和間の相対減少率は最大 SSCON = 1.000E-8 であるため、14回のモデル評価と7回の微分係数評価の後に実行が停止しました。

【出力結果の読み取り方・その１】

← ①　パラメータ a, b, c の初期値です．

　　　　　a = 0.901
　　　　　b = 0.526
　　　　　c = 0.368

　実はここから，反復計算が始まっています．

← ②　パラメータ a, b, c の最終推定値です．

　　　　　a = 2.902
　　　　　b = 0.394
　　　　　c = 0.231

　反復による残差が基準以下になると，計算がストップし，
そのときの値が求めるパラメータの推定値となります．

【SPSS による出力・その2】 ──非線型回帰分析──

パラメータ推定値

パラメータ	推定値	標準誤差	95% 信頼区間 下限	上限
a	2.902	1.437	−.161	5.965
b	.394	.021	.350	.438	← ③
c	.231	.009	.212	.250

パラメータ推定値の相関行列

	a	b	c
a	1.000	−.678	.448
b	−.678	1.000	−.918
c	.448	−.918	1.000

分散分析[a]

ソース	平方和	自由度	平均平方和
回帰	123045.371	3	41015.124
残差	194.657	15	12.977	← ⑤
無修正総和	123240.028	18	
修正総和	53293.925	17	

従属変数: 人口調査

a. R2 乗 = 1 - (残差平方和) / (修正済み平方和) = .996。

④

88 第5章 非線型回帰分析

【出力結果の読み取り方・その2】

←③　求める非線型回帰式は
$$\boxed{人口調査} = 2.902 + 0.394 \times \boxed{作付面積} + e^{0.231 \times \boxed{十年単位}}$$
となります．

　パラメータ b の95%信頼区間は
$$(0.350,\ 0.438)$$
となっています．

　信頼区間に0が含まれていないということは

　　"パラメータ b の値は0にならない"

つまり，作付面積は人口調査に影響を与えているということです！

　パラメータ c の95%信頼区間にも0が含まれていないので，

十年単位は人口調査に影響を与えていることがわかります．

←④＋⑤　R2乗＝決定係数 R^2 のこと．
$$R2乗 = 1 - \frac{194.657}{53293.925} = 0.996$$

　R2乗＝0.996は1に近いので，この非線型回帰式は

よくあてはまっていることがわかります．

【SPSSによる出力・その3】 ──非線型回帰分析──

⑥
↓

	年	十年単位	作付面積	人口調査	PRED_	var	var	var
1	1790	0	1.5	3.895	4.49			
2	1800	1	3.6	5.267	5.58			
3	1810	2	5.8	7.182	6.77			
4	1820	3	9.4	9.566	8.60			
5	1830	4	13.1	12.834	10.58			
6	1840	5	20.5	16.985	14.15			
7	1850	6	44.7	23.069	24.51			
8	1860	7	60.2	31.278	31.65			
9	1870	8	84.5	38.416	42.53			
10	1880	9	104.5	49.924	52.05			
11	1890	10	133.6	62.692	65.59			
12	1900	11	162.4	75.734	79.54			
13	1910	12	189.3	91.812	93.43			
14	1920	13	209.6	109.806	105.56			
15	1930	14	215.2	122.775	112.98			
16	1940	15	242.7	131.669	130.38			
17	1950	16	274.9	150.697	151.34			
18	1960	17	327.1	178.464	182.32			
19								

各ケースの予測値です

【出力結果の読み取り方・その3】

← ⑥　PRED は予測値のことです.

各ケースの予測値は，データファイルのところに出力されます.

SPSS の曲線推定の回帰式には，次のような式が用意されています

$$
\begin{aligned}
&1\text{次} &&Y = b_0 + b_1 t \\
&\text{対数} &&Y = b_0 + b_1 \cdot \log(t) \\
&\text{逆数} &&Y = b_0 + \frac{b_1}{t} \\
&2\text{次} &&Y = b_0 + b_1 t + b_2 t^2 \\
&3\text{次} &&Y = b_0 + b_1 t + b_2 t^2 + b_2 t^3 \\
&\text{複合成長} &&Y = b_0 \cdot b_1^{\,t} \\
&\text{ベキ乗} &&Y = b_0 \cdot t^{b1} \\
&S\text{曲線} &&Y = e^{b_0 + \frac{b_1}{t}} \\
&\text{成長曲線} &&Y = e^{b_0 + b_1 t} \\
&\text{指数} &&Y = b_0 \cdot e^{b_1 t} \\
&\text{ロジスティック} &&Y = \frac{1}{\frac{1}{u} + b_0 \cdot b_1^{\,t}}
\end{aligned}
$$

1次 = linear = 線型

こんなにあるのが…

第6章 対数線型分析

6.1 はじめに

次のデータは,シートベルト着用と損傷程度に関する自動車事故の報告です.

> **分析したいことは?**
>
> - シートベルトの非着用と致命傷の間に,どのような関係があるのだろうか?
> - その関係の強さを測ることができるだろうか?

ところで,対数線型モデルは

$$\log_e(m_{ij}) = \mu + \alpha_i + \beta_j + \gamma_{ij}$$

という形をしています.　☞ p.99

表 6.1 自動車事故とシートベルト

シートベルト \ 損傷程度	致命傷	軽傷
非着用	1601	162527
着用	510	412368

【データ入力の型】

表 6.1 のようなクロス集計表のデータの入力には，細心の注意が必要です!!

死傷者数のところは データ(D) ⇨ ケースの重み付け(W) を忘れずに!!

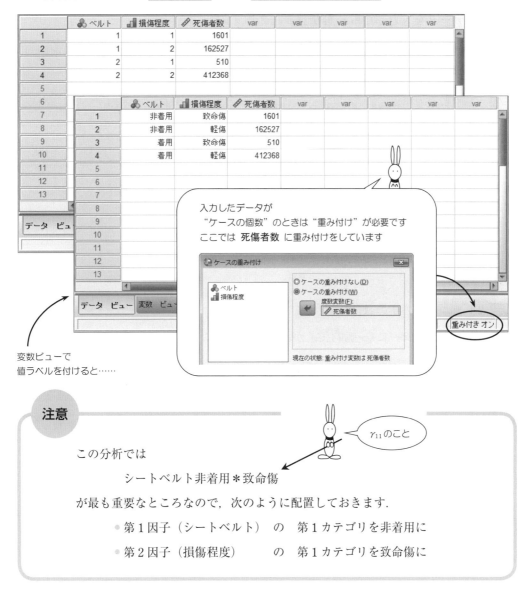

変数ビューで
値ラベルを付けると……

注意

この分析では

シートベルト非着用＊致命傷

が最も重要なところなので，次のように配置しておきます．

- 第1因子（シートベルト） の 第1カテゴリを非着用に
- 第2因子（損傷程度） の 第1カテゴリを致命傷に

6.2 対数線型分析のための手順

【統計処理の手順】

手順 1 データを入力したら，分析(A) をクリック．

手順 2 メニューの中の 対数線型(O) を選択すると，

サブメニューに 一般的(G) があるので，ここをクリック．

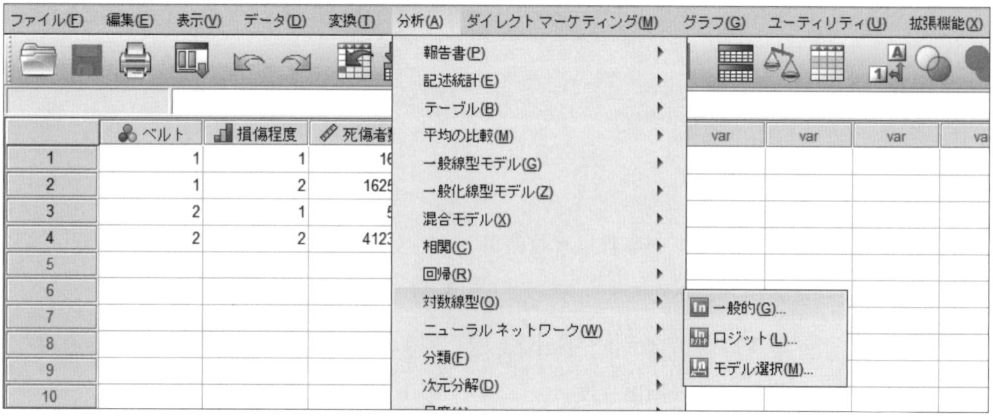

手順 3 次の画面が現れるので，ベルトをカチッとして

因子(F) の左側の ➡ をクリック．

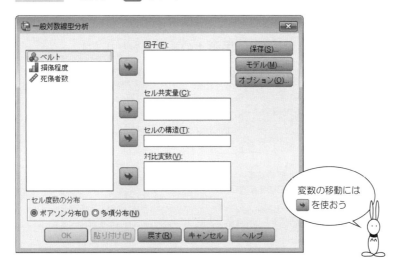

変数の移動には ➡ を使おう

手順 4 ベルトが 因子(F) の中に入ったら，同じように

損傷程度も 因子(F) の中に入れます．

手順5 続いて，モデル(M) をクリックすると，次の画面が現れます．
モデルを自分で作るときには ユーザー指定(C) を利用しますが
ここでは，飽和モデルなので，そのまま!!
続行(C) をクリックすると，**手順4**の画面にもどります．

手順6 オプション(O) をクリックすると，次のようになるので
　　　　□ 計画行列(G)　　　□ 推定値(E)
をチェック．そして，続行(C) ．

手順 7 次の画面にもどったら，OK ボタンをマウスでカチッ！

ところで……
保存の画面はこのようになっています

6.2 対数線型分析のための手順

【SPSSによる出力・その1】 ——対数線型分析——

一般的な対数線型

パラメータ推定値 [b,c]

パラメータ	推定値	標準誤差
定数	12.930	.002
[ベルト = 1]	-.931	.003
[ベルト = 2]	0[a]	.
[損傷程度 = 1]	-6.694	.044
[損傷程度 = 2]	0[a]	.
[ベルト = 1] * [損傷程度 = 1]	2.074	.051
[ベルト = 1] * [損傷程度 = 2]	0[a]	.
[ベルト = 2] * [損傷程度 = 1]	0[a]	.
[ベルト = 2] * [損傷程度 = 2]	0[a]	.

← ②

a. このパラメータは、冗長なため0に設定されます。
b. モデル: ポアソン分布
c. 計画: 定数 + ベルト + 損傷程度 + ベルト * 損傷程度   ← ①

これが9個のパラメータです

定数	μ
ベルト＝1	α_1
ベルト＝2	$\alpha_2=0$
損傷程度＝1	β_1
損傷程度＝2	$\beta_2=0$
ベルト＝1＊損傷程度＝1	γ_{11}
ベルト＝1＊損傷程度＝2	$\gamma_{12}=0$
ベルト＝2＊損傷程度＝1	$\gamma_{21}=0$
ベルト＝2＊損傷程度＝2	$\gamma_{22}=0$

【出力結果の読み取り方・その1】

← ① これが今，取り上げている対数線型モデルです．式で表すと……

$$\log_e(m_{ij}) = 定数 + \boxed{ベルト} + \boxed{損傷程度} + \boxed{ベルト} * \boxed{損傷程度}$$

$$\begin{cases} \log_e(m_{11}) = \mu + \alpha_1 + \beta_1 + \gamma_{11} \\ \log_e(m_{12}) = \mu + \alpha_1 + \beta_2 + \gamma_{12} \\ \log_e(m_{21}) = \mu + \alpha_2 + \beta_1 + \gamma_{21} \\ \log_e(m_{22}) = \mu + \alpha_2 + \beta_2 + \gamma_{22} \end{cases}$$

となります．

表 6.2

	致命傷	軽傷
非着用	m_{11}	m_{12}
着用	m_{21}	m_{22}

$$= \begin{matrix} 1601 & 162527 \\ 510 & 412368 \end{matrix}$$

これが飽和モデル

← ② 与えられているデータは

$$m_{11} = 1601, \quad m_{12} = 162527, \quad m_{21} = 510, \quad m_{22} = 412368$$

の4個なのですが，パラメータの方は

$$\mu, \ \alpha_1, \ \alpha_2, \ \beta_1, \ \beta_2, \ \gamma_{11}, \ \gamma_{12}, \ \gamma_{21}, \ \gamma_{22}$$

の9個もあります．そこで，次の5個のパラメータを

$$\alpha_2 = 0, \ \beta_2 = 0, \ \gamma_{12} = 0, \ \gamma_{21} = 0, \ \gamma_{22} = 0$$

として，残りの $\mu, \alpha_1, \beta_1, \gamma_{11}$ を推定します．

知りたいことは
　シートベルト非着用＊致命傷　　（γ_{11}のこと）
のところなので
6番目のパラメータγ_{11}が0に指定されないように
データ入力のときに十分注意してください

6.2 対数線型分析のための手順　99

【SPSSによる出力・その2】 ——対数線型分析——

計画行列[a,b]

ベルト	損傷程度	セルの構造	定数	[ベルト = 1]	[損傷程度 = 1]	[ベルト = 1] * [損傷程度 = 1]
非着用	致命傷	1	1	1	1	1
	軽傷	1	1	1	0	0
着用	致命傷	1	1	0	1	0
	軽傷	1	1	0	0	0

← ③

計画行列のデフォルト表示が入れ替わります。余分なパラメータは表示されません。

a. モデル: ポアソン分布
b. 計画: 定数 + ベルト + 損傷程度 + ベルト * 損傷程度

行と列の入れ換えは
表をダブルクリックして
ピボット(P)
⇒ 行と列の入れ換え(T)

セル度数と残差[a,b]

ベルト	損傷程度	観測 度数	%	期待 度数	%	残差	標準化残差	調整済み残差	逸脱
非着用	致命傷	1601.500	0.3%	1601.500	0.3%	.000	.000	.000	.000
	軽傷	162527.500	28.2%	162527.500	28.2%	.000	.000	.000	.000
着用	致命傷	510.500	0.1%	510.500	0.1%	.000	.000	.000	.000
	軽傷	412368.500	71.5%	412368.500	71.5%	.000	.000	.	.000

a. モデル: ポアソン分布
b. 計画: 定数 + ベルト + 損傷程度 + ベルト * 損傷程度

つまり
こういうこと

表6.3

ベルト	損傷程度	定 数	ベルト	損傷程度	ベルト × 損傷程度
非着用	致命傷	μ	α_1	β_1	γ_{11}
	軽 傷	μ	α_1	0	0
着 用	致命傷	μ	0	β_1	0
	軽 傷	μ	0	0	0

【出力結果の読み取り方・その2】

←③ 計画行列です．したがって，9個のパラメータに対して

$$\begin{cases} \log_e(m_{11}) = \mu + \alpha_1 + \beta_1 + \gamma_{11} \\ \log_e(m_{12}) = \mu + \alpha_1 \\ \log_e(m_{21}) = \mu \quad\quad\, + \beta_1 \\ \log_e(m_{22}) = \mu \end{cases} \Longleftrightarrow \begin{cases} 1\ \ 1\ \ 1\ \ 1 \\ 1\ \ 1\ \ 0\ \ 0 \\ 1\ \ 0\ \ 1\ \ 0 \\ 1\ \ 0\ \ 0\ \ 0 \end{cases}$$

のように対応しています．そこで，この式を解いてみると

$$\begin{cases} \mu = \log(m_{22}) \\ \alpha_1 = \log(m_{12}) - \log(m_{22}) = \log\left(\dfrac{m_{12}}{m_{22}}\right) \\ \beta_1 = \log(m_{21}) - \log(m_{22}) = \log\left(\dfrac{m_{21}}{m_{22}}\right) \\ \gamma_{11} = \log(m_{11}) - \log(m_{12}) - \log(m_{21}) + \log(m_{22}) = \log\left(\dfrac{\frac{m_{11}}{m_{12}}}{\frac{m_{21}}{m_{22}}}\right) \end{cases}$$

$\dfrac{m_{12}}{m_{22}}$ …… オッズ

$\log\left(\dfrac{m_{12}}{m_{22}}\right)$ …… 対数オッズ

となります．

ここで重要なところは，γ_{11}の部分，つまりオッズ比

$$\dfrac{\frac{m_{11}}{m_{12}}}{\frac{m_{21}}{m_{22}}} = \dfrac{シートベルト非着用のときの致命傷と軽傷の比}{シートベルト着用のときの致命傷と軽傷の比}$$

のところです．このオッズ比が1のときは，シートベルトを着用してもしなくても致命傷になる割合は変わりません．

このことを対数オッズ比でいいかえると，次のようになります．

$\gamma_{11} = \log\left(\dfrac{m_{11}m_{22}}{m_{12}m_{21}}\right) = 0 \Longleftrightarrow$ シートベルトを着用してもしなくても致命傷になる割合は同じ
$\quad\quad\quad\quad\quad\quad\quad\quad\quad\quad\, \Longleftrightarrow$ シートベルトと致命傷は独立である

【SPSS による出力・その 3】 ——対数線型分析——

パラメータ推定値 b,c

パラメータ	推定値	標準誤差	Z	有意確率	95% 信頼区間 下限	95% 信頼区間 上限
定数	12.930	.002	8302.909	.000	12.927	12.933
[ベルト = 1]	−.931	.003	−317.902	.000	−.937	−.925
[ベルト = 2]	0a	.	.	.	.	.
[損傷程度 = 1]	−6.694	.044	−151.239	.000	−6.781	−6.608
[損傷程度 = 2]	0a	.	.	.	.	.
[ベルト = 1] * [損傷程度 = 1]	2.074	.051	40.762	.000	1.975	2.174
[ベルト = 1] * [損傷程度 = 2]	0a	.	.	.	.	.
[ベルト = 2] * [損傷程度 = 1]	0a	.	.	.	.	.
[ベルト = 2] * [損傷程度 = 2]	0a	.	.	.	.	.

a. このパラメータは、冗長なため 0 に設定されます。
b. モデル: ポアソン分布
c. 計画: 定数 + ベルト + 損傷程度 + ベルト * 損傷程度

④　　　　　⑤

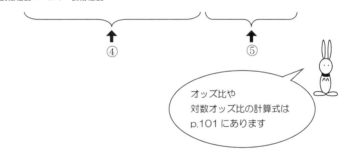

オッズ比や
対数オッズ比の計算式は
p.101 にあります

区間推定を忘れたときは
『入門はじめての統計解析』
を参照してください

効果サイズの計算

効果サイズ ＝ オッズ比

102　第 6 章　対数線型分析

【出力結果の読み取り方・その3】

← ④⑤　4個のパラメータの推定値と，95％の区間推定を求めています．

　　1　……　$\mu = 12.930$　　……　$12.927 \leq \mu \leq 12.933$
　　2　……　$\alpha_1 = -0.931$　　……　$-0.937 \leq \alpha_1 \leq -0.925$
　　3　……　$\alpha_2 = 0$
　　4　……　$\beta_1 = -6.694$　　……　$-6.781 \leq \beta_1 \leq -6.608$
　　5　……　$\beta_2 = 0$
　　6　……　$\gamma_{11} = 2.074$　　……　$1.975 \leq \gamma_{11} \leq 2.174$

特に，パラメータ6に注目 !!

　　　$\gamma_{11} = 2.074$　……　$1.975 \leq \gamma_{11} \leq 2.174$

γ_{11} はシートベルト非着用＊致命傷なので，シートベルト着用に比べて
シートベルト非着用のときの致命傷と軽傷の対数オッズ比は，2.074 です．
　信頼係数95％で，1.975 から 2.174 の間に入っています．

　オッズ比に変換すると，シートベルトを着用しているときに比べて
シートベルト非着用のときの致命傷と軽傷のオッズ比は 7.96 です．
　信頼係数95％で，$7.21 = \exp(1.975)$ から $8.79 = \exp(2.174)$ の間です．

　つまり，交通事故にあったとき，
　　　シートベルトを着用していなかったら
　　　　シートベルトを着用したときに比べて，7.21 倍から 8.79 倍，危険だ
ということです !!

第7章 ロジット対数線型分析

7.1 はじめに

次のデータは，シートベルト着用の損傷程度に関する自動車事故の報告です．

分析したいことは？

● シートベルトを着用していないとき致命傷になる割合は，シートベルトを着用しているときに比べて，どのくらい異なるのだろうか？

ところで，ロジット対数線型モデルは

$$\log\left(\frac{m_{ij}}{m_{ik}}\right) = \lambda + \delta_i$$

という形をしています． ☞ p.109

表 7.1　自動車事故とシートベルト

シートベルト＼損傷程度	致命傷	軽傷
非着用	1601	162527
着用	510	412368

【データ入力の型】

表7.1のようなクロス集計表のデータの入力には，細心の注意が必要です！！

死傷者数のところは

$$\boxed{データ(D)} \Rightarrow \boxed{ケースの重み付け(W)}$$

を忘れずに！

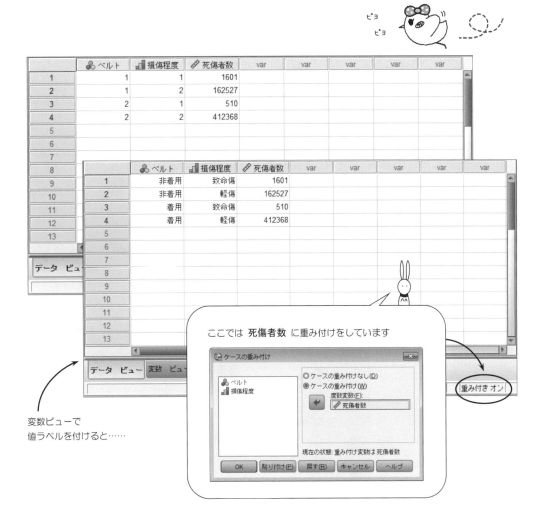

7.1 はじめに

7.2 ロジット対数線型分析のための手順

【統計処理の手順】

手順 1 データを入力したら，分析(A) をクリック．

メニューから 対数線型(O) ⇨ ロジット(L) と選択．

手順 2 次の画面が現れたら，損傷程度を 従属変数(D) の中へ，そして
ベルトを 因子(F) の中へ入れて，オプション(O) をカチッ．

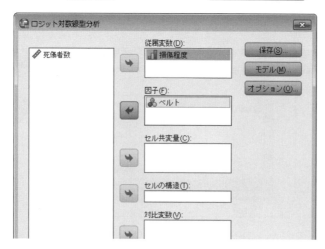

106 第7章 ロジット対数線型分析

手順 3 オプションの画面の中に

　　　　□ 計画行列(G)　　　□ 推定値(E)

があるので，ここをチェック．そして，続行(C)．

計画行列
デザイン行列
design matrix

手順 4 次の画面にもどったら，OK ボタンをマウスでカチッ！

【SPSS による出力・その1】 ──ロジット対数線型分析──

計画行列[a,b,c]

ベルト	損傷程度	定数 セルの構造	パラメータ [ベルト=1]	[ベルト=2]	[損傷程度=1]	[損傷程度=1] *[ベルト=1]	
非着用	致命傷	1	1	0	1	1	← ①
	軽傷	1	1	0	0	0	
着用	致命傷	1	0	1	1	0	
	軽傷	1	0	1	0	0	

計画行列のデフォルト表示が入れ替わります。余分なパラメータは表示されません。

a. モデル: 多項ロジット
b. 計画: 定数 + 損傷程度 + 損傷程度 * ベルト
c. 独立因子のレベルの各組み合わせに対して個別の定数項があります。

セル度数と残差[a,b]

ベルト	損傷程度	観測 度数	%	期待 度数	%	残差	標準化残差	調整済み残差	逸脱
非着用	致命傷	1601.500	1.0%	1601.500	1.0%	.000	.000	.000	.000
	軽傷	162527.500	99.0%	162527.500	99.0%	.000	.000	.000	.000
着用	致命傷	510.500	0.1%	510.500	0.1%	.000	.000	.000	−.010
	軽傷	412368.500	99.9%	412368.500	99.9%	.000	.000	.	.010

a. モデル: 多項ロジット
b. 計画: 定数 + 損傷程度 + 損傷程度 * ベルト

表7.2

ベルト	損傷程度	ベルト=1	ベルト=2	損傷程度=1	(損傷程度=1)×(ベルト=1)
非着用	致命傷	α_1	0	β_1	γ_{11}
	軽傷	α_1	0	0	0
着用	致命傷	0	α_2	β_1	0
	軽傷	0	α_2	0	0

【出力結果の読み取り方・その1】

←① ロジット対数モデルは，次のようになっています．

$$\begin{cases} \log\left(\dfrac{m_{11}}{m_{12}}\right) = \lambda + \delta_1 \\ \log\left(\dfrac{m_{21}}{m_{22}}\right) = \lambda + \delta_2 \end{cases}$$

表 7.3

	致命傷	軽　傷
← 非着用	m_{11}	m_{12}
着　用	m_{21}	m_{22}

実は，このロジット対数線型モデルは，次の対数線型モデルと同じです*!!*

$$\begin{cases} \log(m_{11}) = \alpha_1 + \beta_1 + \gamma_{11} \\ \log(m_{12}) = \alpha_1 + \beta_2 + \gamma_{12} \\ \log(m_{21}) = \alpha_2 + \beta_1 + \gamma_{21} \\ \log(m_{22}) = \alpha_2 + \beta_2 + \gamma_{22} \end{cases}$$

← p.99 のモデルとの対応
$= \mu + \alpha_1 + \beta_1 + \gamma_{11}$
$= \mu + \alpha_1 + \beta_2 + \gamma_{12}$
$= \mu + \alpha_2 + \beta_1 + \gamma_{21}$
$= \mu + \alpha_2 + \beta_2 + \gamma_{22}$

つまり

$$\begin{cases} \log\left(\dfrac{m_{11}}{m_{12}}\right) = \log(m_{11}) - \log(m_{12}) = (\beta_1 - \beta_2) + (\gamma_{11} - \gamma_{12}) \\ \log\left(\dfrac{m_{21}}{m_{22}}\right) = \log(m_{21}) - \log(m_{22}) = (\beta_1 - \beta_2) + (\gamma_{21} - \gamma_{22}) \end{cases}$$

となるので

$$\lambda = \beta_1 - \beta_2, \quad \delta_1 = \gamma_{11} - \gamma_{12}$$
$$\lambda = \beta_1 - \beta_2, \quad \delta_2 = \gamma_{21} - \gamma_{22}$$

に対応しています．

したがって，ロジット対数線型分析は，p.99 の μ の対数線型モデルで

$$\mu + \alpha_1 \longrightarrow \alpha_1 \qquad \beta_1 \longleftrightarrow \beta_1 \qquad \gamma_{11} \longleftrightarrow \gamma_{11}$$
$$\mu + \alpha_2 \longrightarrow \alpha_2$$

に対応しているので，次の4つのパラメータを推定すれば十分ですね！

1	2	3	4	5	6	7	8
α_1	α_2	β_1	β_2	γ_{11}	γ_{12}	γ_{21}	γ_{22}

【SPSSによる出力・その2】 ──ロジット対数線型分析──

パラメータ推定値 c,d

パラメータ		推定値	標準誤差	Z	有意確率	95% 信頼区間 下限	上限
定数	[ベルト = 1]	11.999[a]					
	[ベルト = 2]	12.930[a]					
[損傷程度 = 1]		-6.694	.044	-151.194	.000	-6.781	-6.608
[損傷程度 = 2]		0[b]	.	.	.	.	.
[損傷程度 = 1] * [ベルト = 1]		2.074	.051	40.753	.000	1.975	2.174
[損傷程度 = 1] * [ベルト = 2]		0[b]	.	.	.	.	.
[損傷程度 = 2] * [ベルト = 1]		0[b]	.	.	.	.	.
[損傷程度 = 2] * [ベルト = 2]		0[b]	.	.	.	.	.

a. 定数は、多項仮定ではパラメータではありません。したがって、これらの標準誤差は計算されません。
b. このパラメータは、冗長なため0に設定されます。
c. モデル: 多項ロジット
d. 計画: 定数 + 損傷程度 + 損傷程度 * ベルト

②　　　　　③

110　第7章　ロジット対数線型分析

【出力結果の読み取り方・その２】

← ② + ③　4つのパラメータの推定値と95％信頼区間を求めています．

$\alpha_1 = 11.999$　　　　　　　　　← $\mu + \alpha_1 = 12.930 - 0.931$

$\alpha_2 = 12.930$　　　　　　　　　← $\mu + \alpha_2 = 12.930 + 0$

$\beta_1 = -6.694$　……　$-6.781 \leq \beta_1 \leq -6.608$

$\beta_2 = 0$

$\gamma_{11} = 2.074$　……　$1.975 \leq \gamma_{11} \leq 2.174$

$\gamma_{12} = 0$

$\gamma_{21} = 0$

$\gamma_{22} = 0$

したがって，ロジット対数線型モデルのパラメータは

$\lambda = \beta_1 - \beta_2 = -6.694 - 0 = -6.694$

$\delta_1 = \gamma_{11} - \gamma_{12} = 2.074 - 0 = 2.074$

$\delta_2 = \gamma_{21} - \gamma_{22} = 0 - 0 = 0$

となります．

　知りたいことは，

　　　　"シートベルトの着用時と非着用時における致命傷の情報"

なので，$\delta_1 = 2.074$ と $\delta_2 = 0$ の値に注目します．

　したがって，シートベルト非着用時の致命傷の対数オッズは，シートベルト着用時に対して，2.074倍になっています．

　オッズにいいかえると，シートベルト非着用時のオッズは，シートベルト着用時のオッズに対し7.957倍にもなります．

第8章 決定木

8.1 はじめに

次のデータは，60人の被験者に対し，脳卒中とそのいくつかの要因について調査した結果です．

表8.1 脳卒中とそのいくつかの要因

被験者No.	脳卒中	肥満	飲酒	喫煙	血圧
1	危険性なし	肥満	飲まない	禁煙	正常
2	危険性なし	正常	飲まない	禁煙	正常
3	危険性あり	肥満	飲む	喫煙	高い
4	危険性あり	肥満	飲まない	喫煙	高い
5	危険性あり	正常	飲む	喫煙	高い
6	危険性なし	肥満	飲む	禁煙	正常
7	危険性あり	正常	飲む	喫煙	高い
8	危険性あり	肥満	飲まない	喫煙	高い
9	危険性あり	正常	飲む	喫煙	高い
10	危険性あり	肥満	飲む	喫煙	正常
⋮	⋮	⋮	⋮	⋮	⋮
59	危険性なし	正常	飲まない	喫煙	高い
60	危険性なし	正常	飲まない	禁煙	正常

表 8.1 のデータは，5 つの変数

$$脳卒中 \quad 肥満 \quad 飲酒 \quad 喫煙 \quad 血圧$$

からなっています．

そこで……

分析したいことは？

- 脳卒中と関連のある変数は，肥満，飲酒，喫煙，血圧のうち，どれなのか？
- 肥満，飲酒，喫煙，血圧の条件から，脳卒中の可能性を予測したい．

そんなときは，決定木を描いてみましょう．

$$脳卒中 \begin{cases} 危険性あり = 1 \\ 危険性なし = 0 \end{cases}$$

肥満……肥満 = 1，正常 = 0

飲酒……飲む = 1，飲まない = 0

喫煙……喫煙 = 1，禁煙 = 0

血圧……高い = 1，正常 = 0

ところで，決定木とは次のような図のことです．

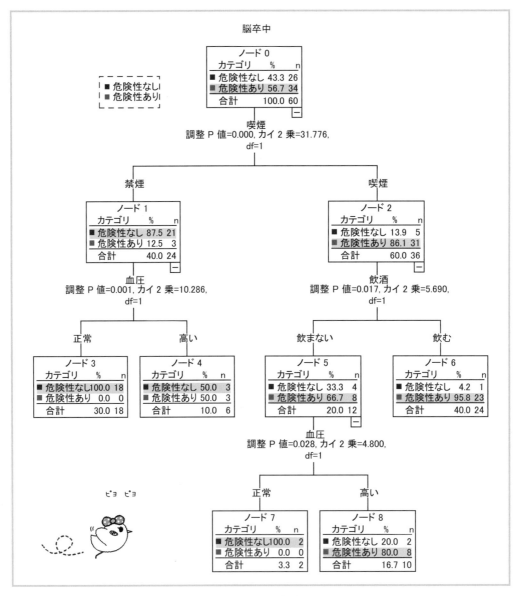

図 8.1　決定木

【データ入力の型】

表 8.1 のデータは,次のように入力して,予測したい被験者のデータを,最後のデータの下に追加します.

	脳卒中	肥満	飲酒	喫煙	血圧
1	0	1	0	0	0
2	0	0	0	0	0
3	1	1	1	1	1
4	1	1	0	1	1
5	1	0	1	1	1
6	0	1	1	0	0
7	1	0	1	1	1
8	1	1	1	1	1
9	1	0	1	1	1
10	1	1	1	1	0
11	1	1	1	1	1
12	1	1	1	1	0
13	1	1	1	0	1
14	1	0			
15					

ここでは変数の尺度は 名義 にします

	脳卒中	肥満	飲酒	喫煙	血圧
1	危険性なし	肥満	飲まない	禁煙	正常
2	危険性なし	正常	飲まない	禁煙	正常
3	危険性あり	肥満	飲む	喫煙	高い
4	危険性あり	肥満	飲まない	喫煙	高い
5	危険性あり	正常	飲む	喫煙	高い
6	危険性なし	肥満	飲む	禁煙	正常
7	危険性あり	肥満	飲む	喫煙	高い
8	危険性あり	肥満	飲まない	喫煙	高い
9	危険性あり	正常	飲む	喫煙	高い
10	危険性あり	肥満	飲む	喫煙	正常
11	危険性あり	肥満	飲む	喫煙	高い
12	危険性あり	肥満	飲む	喫煙	正常
13	危険性あり	肥満	飲む	禁煙	高い
14	危険性あり	正常	飲む	喫煙	高い
15	危険性あり	肥満	飲まない	禁煙	正常

	脳卒中	肥満	飲酒	喫煙	血圧
52	危険性なし	正常	飲まない	禁煙	正常
53	危険性あり	肥満	飲む	喫煙	高い
54	危険性なし	正常	飲まない	喫煙	高い
55	危険性あり	正常	飲む	喫煙	高い
56	危険性あり	肥満	飲まない	喫煙	高い
57	危険性あり	正常	飲まない	禁煙	高い
58	危険性なし	正常	飲まない	禁煙	正常
59	危険性なし	正常	飲まない	喫煙	高い
60	危険性なし	正常	飲まない	禁煙	正常
61		肥満	飲む	喫煙	高い
62					

ここは予測したい方のデータなのでこの脳卒中のセルは空欄になっています

この条件の脳卒中の可能性を予測します

8.1 はじめに 115

8.2 決定木のための手順

【統計処理の手順】

手順 1 データを入力したら，分析(A) をクリック．

メニューから 分類(F) ⇨ ツリー(R) を選択します．

手順 2 次の画面になったら,

　　脳卒中　を　従属変数(D)　の中に

　　肥満,飲酒,喫煙,血圧　を　独立変数(I)　の中に

移動します.

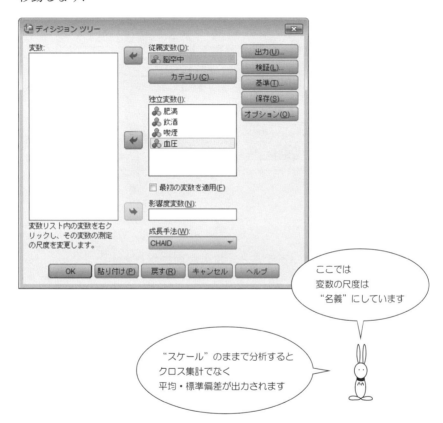

ここでは
変数の尺度は
"名義"にしています

"スケール"のままで分析すると
クロス集計でなく
平均・標準偏差が出力されます

手順 3 続いて，基準(T) をクリックすると，次の画面が表示されます．
親ノード(P) に 10 を 子ノード(H) に 2 を入力します．

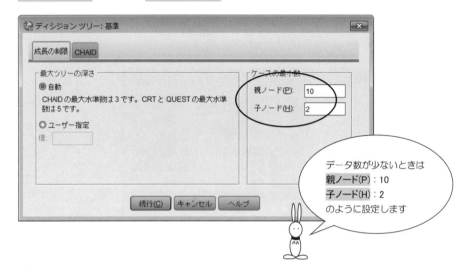

手順 4 CHAID タブをクリックすると，次の画面になります．
このまま 続行(C) をクリック．

118 第8章 決定木

手順 5 検証(L) をクリックすると，次の画面が表示されます．

このまま 続行(C) をクリック．

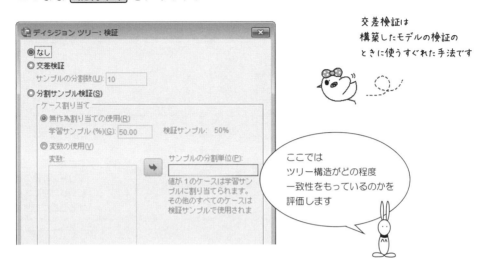

手順 6 保存(S) をクリックすると，次の画面が表示されます．

　　　□ 予測値(P)

　　　□ 予測された確率(R)

にチェックをして，続行(C) をクリック．

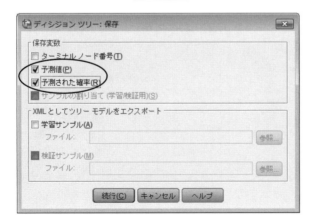

手順 7 出力(U) をクリックすると，次の画面になります．

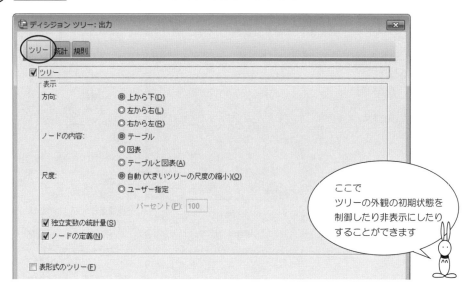

ここで
ツリーの外観の初期状態を
制御したり非表示にしたり
することができます

手順 8 統計 タブをクリックすると，次の画面になります．

分類表(C) にもチェックして……

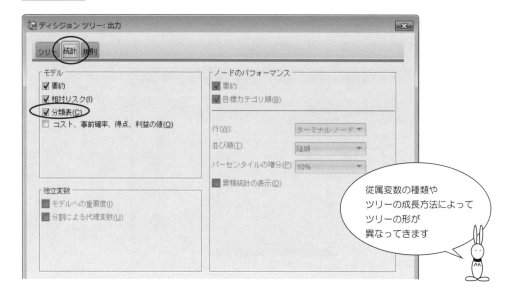

従属変数の種類や
ツリーの成長方法によって
ツリーの形が
異なってきます

120　第8章　決定木

手順 9 規則 タブをクリックすると，次の画面になります．

　　　☐ **分類規則の生成(G)**

をチェックして，続行(C) をクリック．

手順 10 次の画面に戻るので，最後に OK ボタンをカチッ！

【SPSSによる出力・その1】

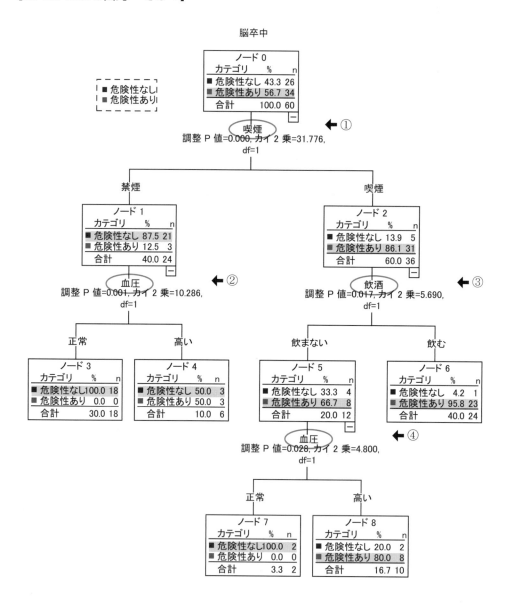

122　第8章　決定木

【出力結果の読み取り方・その1】

←①　決定木を見ると，脳卒中の下に

　　　　　　　喫煙

があります．したがって，

　　　　　脳卒中ともっとも関連のある要因は，喫煙である

ことがわかります．

←②　その下では，決定木は……

禁煙のグループと喫煙のグループに分かれています．

禁煙のグループの下が

　　　　　　血圧

となっています．

　これは，次のことを調べています．

　　　　　禁煙のグループにおいて，脳卒中と関連のある変数は

　　　　　肥満，飲酒，血圧のうちどれなのか？

したがって

　　　　　禁煙のグループでは，

　　　　　脳卒中ともっとも関連のある要因は，血圧である

ということがわかります．

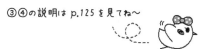

8.2　決定木のための手順　123

【SPSS による出力・その2】

モデルの要約

指定	成長方法	CHAID	
	従属変数	脳卒中	
	独立変数	肥満, 飲酒, 喫煙, 血圧	
	検証	なし	
	ツリーの最大の深さ		3
	親ノードの最小ケース		10
	子ノードの最小ケース		2
結果	含まれている独立変数	喫煙, 血圧, 飲酒	
	ノードの数		9
	ターミナル ノードの数		5
	ツリーの深さ		3

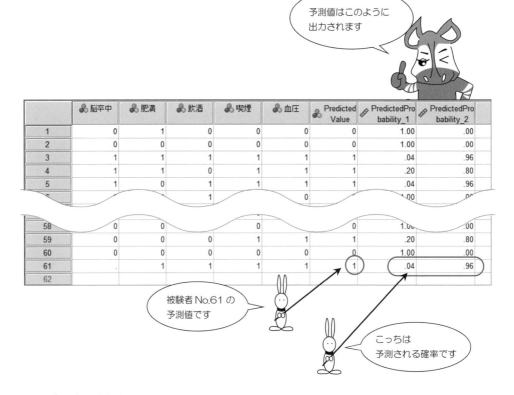

124　第8章　決定木

【出力結果の読み取り方・その2】

←③　右側の喫煙のグループの下が

　　　　　　飲酒

となっています．

　これは，次のことを調べています．

　　　　喫煙のグループにおいて，脳卒中と関連のある変数は

　　　　肥満，飲酒，血圧のうちどれなのか？

　したがって

　　　　喫煙のグループでは，

　　　　脳卒中ともっとも関連のある要因は，飲酒である

ということがわかります．

←④　次に，飲まないグループを見ると

　　　　　　血圧

となっています．

　これは，次のことを調べています．

　　　　喫煙+飲まないグループにおいて，脳卒中と関連のある変数は

　　　　肥満，血圧のうちどちらなのか？

　したがって

　　　　喫煙+飲まないグループでは，

　　　　脳卒中ともっとも関連のある要因は，血圧である

ということがわかります．

第9章 主成分分析

9.1 はじめに

次のデータは，生命保険会社について，株式占率から外貨建資産占率までを調査した結果です．

分析したいことは？

- 生命保険会社 16 社の実力度ランキングを求めてみたい．

表9.1　アブナイ生保は？

No.	生命保険会社	株式占率	公社債占率	外国証券占有率	貸付金占率	外貨建資産占率
1	日本	18.8	22.0	7.6	37.3	5.2
2	第一	20.3	24.0	6.6	34.7	5.3
3	住友	15.5	27.4	7.7	33.7	4.3
4	明治	21.1	20.9	3.4	39.1	3.3
5	朝日	23.0	14.0	10.3	38.4	10.1
6	三井	19.8	15.2	4.7	43.4	4.6
7	安田	18.7	16.3	10.0	41.7	7.6
8	千代田	18.7	8.7	7.0	50.3	6.3
9	太陽	11.6	24.2	5.1	43.1	2.1
10	協栄	8.2	24.1	7.3	41.9	6.8
⋮	⋮	⋮	⋮	⋮	⋮	⋮
15	第百	16.4	21.0	6.7	41.1	5.9
16	日産	12.3	8.8	21.1	40.5	18.3

【データ入力の型】

表 9.1 のデータは，次のように入力します．

	生命保険	株式	公社債	外国証券	貸付金	外貨建	var
1	日本	18.8	22.0	7.6	37.3	5.2	
2	第一	20.3	24.0	6.6	34.7	5.3	
3	住友	15.5	27.4	7.7	33.7	4.3	
4	明治	21.1	20.9	3.4	39.1	3.3	
5	朝日	23.0	14.0	10.3	38.4	10.1	
6	三井	19.8	15.2	4.7	43.4	4.6	
7	安田	18.7	16.3	10.0	41.7	7.6	
8	千代田	18.7	8.7	7.0	50.3	6.3	
9	太陽	11.6	24.2	5.1	43.1	2.1	
10	協栄	8.2	24.1	7.3	41.9	6.8	
11	大同	9.1	43.4	4.7	30.0	2.4	
12	東邦	12.9	15.8	13.6	37.2	12.2	
13	富国	13.8	23.5	10.8	36.1	6.8	
14	日本団体	8.1	12.2	20.5	43.2	17.6	
15	第百	16.4	21.0	6.7	41.1	5.9	
16	日産	12.3	8.8	21.1	40.5	18.3	
17							

	名前	型	幅	小数桁数	ラベル	値
1	生命保険	文字列	8	0		なし
2	株式	数値	8	1	株式占率	なし
3	公社債	数値	8	1	公社債占率	なし
4	外国証券	数値	8	1	外国証券占有率	なし
5	貸付金	数値	8	1	貸付金占率	なし
6	外貨建	数値	8	1	外貨建資産占率	なし
7						
8						
9						
10						

変数ビューで
こんなふうに
ラベルに名前をつけると
結果が見やすくなります

カテゴリカルデータ用の
主成分分析もあります

ピョ
ピョ

9.2 主成分分析のための手順

【統計処理の手順】

手順 1 データを入力したら，分析(A) をクリック．

メニューの中の 次元分解(D) ⇨ 因子分析(F) を選択．

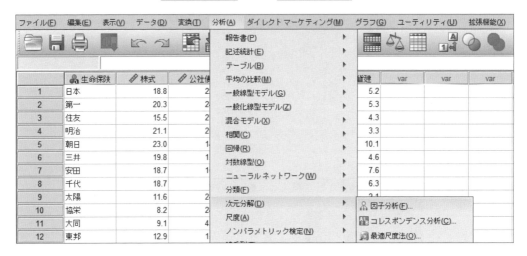

手順 2 次の画面が現れたら，株式から外貨建まで，変数(V) の中へ！

変数ビューで
ラベルに名前をつけたので
変数に [ ] がつきました

128　第9章　主成分分析

手順 3 続いて，因子抽出(E) をクリックすると，次の画面が現れます．

分析(A) のところに

　　○ 相関行列(R)

　　○ 分散共分散行列(V)

とあるので，相関行列(R) を選択．そして 続行(C) ．

方法(T) のところが
主成分分析
になっていることを
確認しよう

変数の単位の影響が
気になるときは
相関行列で
主成分分析を！

でも……
標準化によって
各変数の分散という情報量が
すべて1になってしまいます

9.2 主成分分析のための手順

手順 4 手順2の画面にもどるので，得点(S) をクリックしてみると
次のようになります．そこで

　　□ 変数として保存(S)
　　□ 因子得点係数行列を表示(D)

をチェックして，続行(C).

手順 5 手順2の画面にもどるので，回転(T) をクリックすると
次のようになるので

　　□ 因子負荷プロット(L)

をチェック．そして，続行(C).

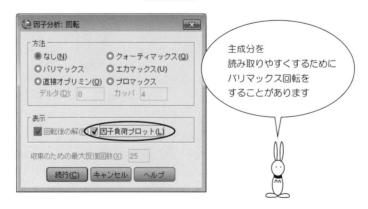

手順 6 手順2の画面にもどるので，オプション(O) をクリックすると……

□ サイズによる並び替え(S)

をチェックして，続行(C)．

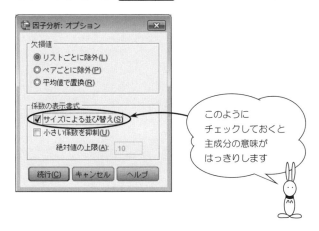

このようにチェックしておくと主成分の意味がはっきりします

手順 7 次の画面にもどるので，OK ボタンをマウスでカチッ！

9.2 主成分分析のための手順　131

【SPSSによる出力・その1】 ──主成分分析──

因子分析 ←①

共通性

	初期	因子抽出後
株式占率	1.000	.680
公社債占率	1.000	.985
外国証券占有率	1.000	.953
貸付金占率	1.000	.678	←②
外貨建資産占率	1.000	.948

因子抽出法: 主成分分析

説明された分散の合計

成分	初期の固有値 合計	分散の %	累積 %	抽出後の負荷量平方和 合計	分散の %	累積 %
1	2.687	53.737	53.737	2.687	53.737	53.737
2	1.557	31.146	84.882	1.557	31.146	84.882
3	.716	14.319	99.201				←③
4	.021	.419	99.620			
5	.019	.380	100.000			

因子抽出法: 主成分分析

"累積"って合計のことですよ〜 ピヨピヨ

【出力結果の読み取り方・その1】

← ① 因子分析となっていますが，もちろん，ここでは主成分分析をしています．

← ② 外貨建資産占率のところは……④から

抽出後の共通性 $0.948 = (0.931)^2 + (-0.284)^2$

貸付金占率のところは……④から

抽出後の共通性 $0.678 = (0.536)^2 + (0.624)^2$

相関行列による分析なので，初期の共通性は1になります．

抽出後の共通性
つまり
2個の主成分の2乗和

← ③ 固有値（＝分散）をすべて合計してみると

$2.687 + 1.557 + 0.716 + 0.021 + 0.019 = 5$

となります．この5は変数の個数に一致しています．つまり，相関行列による分析なので，各変数の情報量は，それぞれ1です．

そして，主成分分析により，5の情報量は第1主成分から第5主成分までに分けられ，そのうち

第1主成分の情報量 $= 2.687$

第2主成分の情報量 $= 1.557$

となりました．

情報量を少数の因子に総合化するのが主成分分析の目的なので，情報量が1より小さい主成分は無視されています．

この情報量をパーセント（＝分散の%）になおすと

$53.737 = \dfrac{2.687}{5} \times 100$　　$31.146 = \dfrac{1.557}{5} \times 100$

となります．

第1主成分と第2主成分の情報量の合計は **84.882%** です．

標準化をすると
分散＝1

【SPSSによる出力・その2】 ——主成分分析——

成分行列[a]

	成分 1	成分 2
外貨建資産占率	.931	−.284
外国証券占有率	.887	−.408
公社債占率	−.842	−.525
株式占率	−.188	.803
貸付金占率	.536	.624

因子抽出法: 主成分分析
a. 2個の成分が抽出されました

← ④

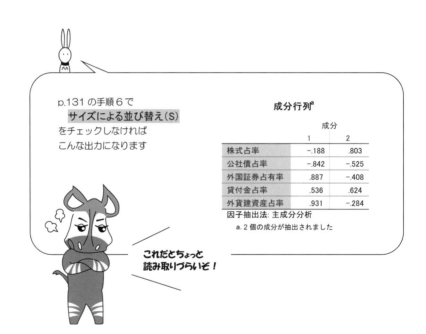

p.131の手順6で
　サイズによる並び替え(S)
をチェックしなければ
こんな出力になります

成分行列[a]

	成分 1	成分 2
株式占率	−.188	.803
公社債占率	−.842	−.525
外国証券占有率	.887	−.408
貸付金占率	.536	.624
外貨建資産占率	.931	−.284

因子抽出法: 主成分分析
a. 2個の成分が抽出されました

これだとちょっと読み取りづらいぞ！

【出力結果の読み取り方・その2】

← ④　ここが主成分分析の中心部分です．

第1主成分 =　 0.931× 外貨建 + 0.887× 外国証券 − 0.842× 公社債
　　　　　 − 0.188× 株式 　+ 0.536× 貸付金

　この係数の絶対値の大小や，プラス・マイナスに注目しながら，
第1主成分の意味を読み取ります．

　ところで，金融・証券の専門家W氏によると，
　第1主成分は
　　　　　　　　"生命保険会社の負の体力"
となるそうです．
　第2主成分については
　　　　　　　　"企業支配度"
となるようです．

　ところで，この値は固有ベクトルではなく，
因子負荷になっていることに注意しましょう．

主成分の名前のつけ方は
研究者によって変わります

【SPSS による出力・その3】 ——主成分分析——

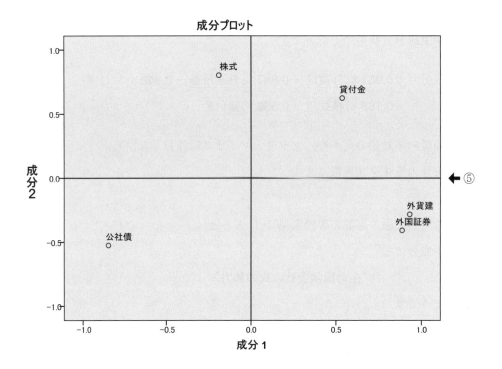

成分プロット

主成分得点係数行列

	成分 1	成分 2	
株式占率	−.070	.516	← ⑥
公社債占率	−.314	−.337	
外国証券占有率	.330	−.262	
貸付金占率	.200	.401	
外貨建資産占率	.347	−.182	

因子抽出法: 主成分分析
成分得点

【出力結果の読み取り方・その3】

←⑤　④の値を (x, y) の座標とみなして，
平面上に図示したものです．

　この図から5つの変数の関係を
視覚的に読み取ることができます．

←⑥　④の値＝③の固有値 × ⑥の値

$$-0.188 = \underline{2.687} \times (-0.070)$$ ← 株式占率の成分1

　　　　↑
　　第1主成分の固有値

$$0.803 = \underline{1.557} \times 0.516$$ ← 株式占率の成分2

　　　　↑
　　第2主成分の固有値

主成分分析で
回転をしたいときは
バリマックス回転を
おススメします

というのも
主成分は互いに
直交しているので……

【SPSS による出力・その4】 ——主成分分析——

⑦

	生命保険	株式	公社債	外国証券	貸付金	外貨建	FAC1_1	FAC2_1
1	日本	18.8	22.0	7.6	37.3	5.2	-.46896	.25692
2	第一	20.3	24.0	6.6	34.7	5.3	-.72950	.16667
3	住友	15.5	27.4	7.7	33.7	4.3	-.82906	-.58601
4	明治	21.1	20.9	3.4	39.1	3.3	-.78727	.98054
5	朝日	23.0	14.0	10.3	38.4	10.1	.33203	.80010
6	三井	19.8	15.2	4.7	43.4	4.6	-.20278	1.31473
7	安田	18.7	16.3	10.0	41.7	7.6	.25011	.63210
8	千代田	18.7	8.7	7.0	50.3	6.3	.60867	1.85531
9	太陽	11.6	24.2	5.1	43.1	2.1	-.58209	.12376
10	協栄	8.2	24.1	7.3	41.9	6.8	-.10464	-.62470
11	大同	9.1	43.4	4.7	30.0	2.4	-1.80767	-1.99971
12	東邦	12.9	15.8	13.6	37.2	12.2	.72081	-.70158
13	富国	13.8	23.5	10.8	36.1	6.8	-.18551	-.66105
14	日本団体	8.1	12.2	20.5	43.2	17.6	1.99562	-1.11872
15	第百	16.4	21.0	6.7	41.1	5.9	-.24503	.37653
16	日産	12.3	8.8	21.1	40.5	18.3	2.03529	-.81488

これは相関行列による主成分分析だね！

データの標準化なので分散＝1となります

$$\text{データの標準化} = \frac{\text{データ} - \text{平均値}}{\text{標準偏差}}$$

138 第9章 主成分分析

【出力結果の読み取り方・その4】

← ⑦ それぞれの生命保険会社の主成分得点を求めています.

主成分得点は，それぞれの変数を標準化した値と

⑥の主成分得点係数行列をかけ算して得られます.

【主成分得点の並べ替え】

　第1主成分は生命保険会社の負の体力なので，
得点の大きい順に並べ替えてみましょう.

　日産，日本団体，東邦といったところが，
ランキングの上位になっているのがよくわかりますね！

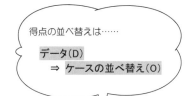

得点の並べ替えは……
データ(D)
⇒ ケースの並べ替え(O)

	生命保険	株式	公社債	外国証券	貸付金	外貨建	FAC1_1	FAC2_1
1	日産	12.3	8.8	21.1	40.5	18.3	2.03529	-.81488
2	日本団体	8.1	12.2	20.5	43.2	17.6	1.99562	-1.11872
3	東邦	12.9	15.8	13.6	37.2	12.2	.72081	-.70158
4	千代田	18.7	8.7	7.0	50.3	6.3	.60867	1.85531
5	朝日	23.0	14.0	10.3	38.4	10.1	.33203	.80010
6	安田	18.7	16.3	10.0	41.7	7.6	.25011	.63210
7	協栄	8.2	24.1	7.3	41.9	6.8	-.10464	-.62470
8	富国	13.8	23.5	10.8	36.1	6.8	-.18551	-.66105
9	三井	19.8	15.2	4.7	43.4	4.6	-.20278	1.31473
10	第百	16.4	21.0	6.7	41.1	5.9	-.24503	.37653
11	日本	18.8	22.0	7.6	37.3	5.2	-.46896	.25692
12	太陽	11.6	24.2	5.1	43.1	2.1	-.58209	.12376
13	第一	20.3	24.0	6.6	34.7	5.3	-.72950	.16667
14	明治	21.1	20.9	3.4	39.1	3.3	-.78727	.98054
15	住友	15.5	27.4	7.7	33.7	4.3	-.82906	-.58601
16	大同	9.1	43.4	4.7	30.0	2.4	-1.80767	-1.99971
17								

（アブナイ生保 ↑　／　↓ 健全な生保）

↑ 生保の負の体力

9.2　主成分分析のための手順　139

【主成分の読み取り方】

表9.1の分析結果を見たある金融・証券マンの意見を紹介しましょう．

第1主成分は"生保の負の体力"と思います．
その理由は……
主成分得点の大きい順に並べてみると，"危ない"と言われている生保が上位に並んでいます．逆に，得点の小さい方に"良い"生保がきています．
独立変数でみると公社債と株式が多いほど主成分得点は小さくなり，逆に外国証券と外貨建資産が多いほど主成分得点が大きくなります．
これの意味するところは，国内債権や国内株式を多く所有しているところほど多くの含み益があり，この含み益こそがこれら生保の"体力"そのものなのです．
実際に国内景気の先行き不透明感により，国内債権の価格はかなり高い水準で推移しており，多額の含み益が発生しています．株式については，各社とも決算や不良債権償却のために相当額を益出したため，それほどの含み益はないと思われますが，因子負荷の値が小さくなっているのはこのせいと思われます．
株式と公社債の合計が30％以下のところに"危ない"生保が並んでいるのを見ると，上記のことが十分説明できます．
外国証券や外貨建資産の因子負荷については，国内債権の十分なストックがない分，高金利の外国証券や高収益の外貨建資産の保有率が高くなったものと解釈できます．

第2主成分は"企業支配度"と考えられます．

その理由は……

貸付金と株式に注目しました．株式は企業の資本そのものですので，この値が大きいということは，企業への積極的な資本参加，経営参加を意味します．貸付金は企業の設備資金，運転資金となり，いわば企業の"血"です．

この点から単純に解釈すると"企業への関与度"になるわけですが，これではおもしろくないので，大胆に"企業支配度"としてみましたが……

今ひとつ，自信ありません．

以上が，W氏の意見です．

というわけで，主成分分析はなかなか面白い分析ですね．

第10章 因子分析

10.1 はじめに

次のデータは，ストレスや健康行動，健康習慣といった社会医療に関するアンケート調査の結果です．

> **分析したいことは？**
>
> ◉ ストレス・健康行動・健康習慣・……・生活環境・医療機関といった8つの変数の中に，どのような共通要因が潜んでいるのだろうか？

表10.1　社会医療の質の向上をめざして

No.	ストレス	健康行動	健康習慣	社会支援	社会役割	健康度	生活環境	医療機関
1	3	0	5	4	8	3	2	3
2	3	0	1	2	5	3	2	2
3	3	1	5	8	7	3	3	3
4	3	2	7	7	6	3	2	3
5	2	1	5	8	4	2	2	4
6	7	1	2	2	6	4	5	2
⋮	⋮	⋮	⋮	⋮	⋮	⋮	⋮	⋮
346	5	1	5	5	6	2	2	2
347	5	1	4	7	8	2	2	3

【データ入力の型】

表 10.1 のデータは，次のように入力します．

	ストレス	健康行動	健康習慣	社会支援	社会役割	健康度	生活環境	医療機関
1	3	0	5	4	8	3	2	3
2	3	0	1	2	5	3	2	2
3	3	1	5	8	7	3	3	3
4	3	2	7	7	6	3	2	3
5	2	1	5	8	4	2	2	4
6	7	1	2	2	6	4	5	2
7	4	1	3	3	5	3	3	3
8	1	3	6	8	8	2	3	2
9	5	4	5	6	6	3	3	3
10	3	1	5	3	6	3	3	3
11	5	1	4	7	5	5	3	3
12	6	1	2	7	6	3	4	3
13	4	0	0	2	7	3	3	3
14	5	0	0	0	5	3	3	2
15	7	2	3	4	8	4	4	3
16	3	0	1	8	5	3	3	3
17	0	1	3	8	7	3	3	3
18	4	0	5	6	5	3	3	2
19	5	1	7	6	7	4	4	3
20	3	1	5	0	5	3	3	3
21	3	1	6	8	6	3	2	3
22	1	1	3	3	4	1	3	3
23	5	0	0	8	8	5	4	5
24	5	1	3	2	6	4	3	3
25		2	2		7		3	2
⋮	2			8		2		
338	6	0		2	4	5	4	3
339	5	1			8	3	3	3
340	7	1			6	5	5	3
341					7	2	3	3
342	6				8			3
343	2							3
344	3		0	8				2
345	6		9	8				4
346	5		5	5	6			2
347	5		4	7	8	2	2	3
348								

8つの変数の間にどんな共通要因が潜んでいるのかなあ？

8つの変数 …… 観測変数
共通要因 …… 潜在変数

10.1 はじめに 143

10.2 因子分析のための手順［主因子法］

【統計処理の手順】

手順 1 データを入力したら，分析(A) をクリック．

メニューから 次元分解(D) ⇨ 因子分析(F) を選択．

手順 2 次の画面が現れたら，ストレスから医療機関まで，変数(V) の中へ移動します．

144 第 10 章 因子分析

手順 3 変数(V) の中へ，ストレスから医療機関まで入ったら，

まずはじめに，因子抽出(E) をクリック．

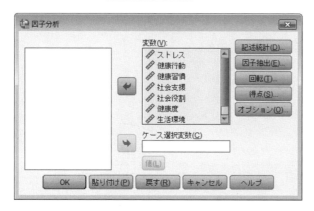

手順 4 次のような画面が現れたら，

方法(T) のところの ▼ をクリックします．

相関行列は
データの標準化です

10.2 因子分析のための手順［主因子法］ 145

手順 5 すると，いろいろな因子抽出法が現れるので，主因子法を選んで……

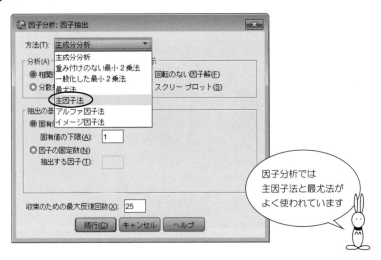

因子分析では主因子法と最尤法がよく使われています

手順 6 ついでに，

　　　□ スクリープロット(S)

もチェック．そして，続行(C)．

手順 7 次は，[回転(T)]をクリックします．

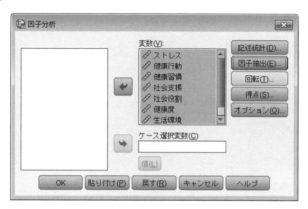

手順 8 回転の方法がいろいろ用意されていますが，主因子法のときは，

　　○ バリマックス(V)

　　□ 因子負荷プロット(L)

もチェック．そして，[続行(C)]．

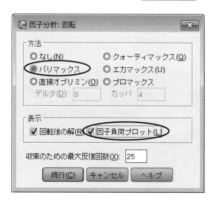

主因子法は
バリマックス回転
つまり
直交回転だな

手順 9 手順7の画面にもどったら，因子得点を求めるために，

得点(S) をクリックします．

次の画面が現れたら

☐ 変数として保存(S)

をチェック．そして， 続行(C) ．

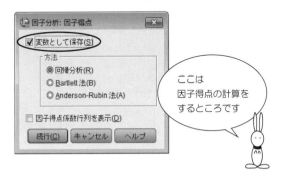

ここは
因子得点の計算を
するところです

手順 10 手順7の画面にもどったら， オプション(O) をクリックして，

☐ サイズによる並び替え(S)

をチェック．そして， 続行(C) ．

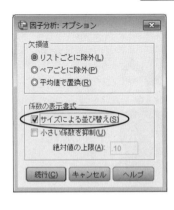

ここの
サイズによる並び替え(S)
はとても便利！

手順⑪ 手順7の画面にもどったら，記述統計(D) をチェック．

いろいろな統計量があるので，その中から

　　　☐ KMO と Bartlett の球面性検定(K)

をチェック．そして，続行(C)．

"球面性"とは
分散が同じで
共分散が0のこと

ラグビーボールではなく
サッカーボールを想像してね

手順⑫ 次の画面にもどってきたら，OK ボタンをマウスでカチッ!!

10.2　因子分析のための手順［主因子法］　149

【SPSS による出力・その1】 ──因子分析（主因子法）──

因子分析

KMO および Bartlett の検定

Kaiser-Meyer-Olkin の標本妥当性の測度	.637
Bartlett の球面性検定近似カイ2乗	223.472
自由度	28
有意確率	.000

← ①

カイザー・マイヤー・オルキンの妥当性の値が 0.5 未満のときは因子分析をすることに意味がないと考えられています

共通性

	初期	因子抽出後
ストレス	.217	.356
健康行動	.068	.170
健康習慣	.109	.197
社会支援	.097	.163
社会役割	.121	.196
健康度	.223	.515
生活環境	.147	.653
医療機関	.111	.120

因子抽出法: 主因子法

← ②

データの標準化をすると分散共分散行列は相関行列になります

分散 ⇒ 1
共分散 ⇒ 相関行列

150 第 10 章 因子分析

【出力結果の読み取り方・その1】

←① KMO は8つの変数

$$\text{ストレス, 健康行動, ……, 医療機関}$$

を使って因子分析をすることの妥当性を表しています.

この値が 0.5 より大きいとき，それらの変数を用いて因子分析をすることに意味があります．このデータでは KMO = 0.637 なので，妥当性があります．

Bartlett の球面性検定は

$$\text{仮説 } H_0 : \text{分散共分散行列は単位行列の定数倍に等しい}$$

を検定しています．

有意確率 0.000 が有意水準 $\alpha = 0.05$ より小さいので，この仮説は棄てられます．つまり，0 でない共分散が存在するので，変数の間に何か関連があります．

←② 共通性の値が 0 に近い変数は，その因子分析に貢献していないので，取り除いた方が良い場合があります．

初期の共通性

たとえば，ストレスの共通性 0.217 は，ストレスを従属変数とし残りの変数を独立変数としたときの重回帰式の決定係数 R^2 のこと.

因子抽出後の共通性

ストレスの共通性 = (第1因子負荷)² + (第2因子負荷)² + (第3因子負荷)²

$$0.356 = (0.559)^2 \quad + (-0.148)^2 \quad + (0.145)^2 \quad \text{☞④}$$

この共通性はバリマックス回転後も変わらないので……

$$0.356 = (0.542)^2 \quad + (0.129)^2 \quad + (-0.212)^2 \quad \text{☞⑤}$$

【SPSSによる出力・その2】 ――因子分析（主因子法）――

説明された分散の合計

因子	初期の固有値 合計	分散の %	累積 %	抽出後の負荷量平方和 合計	分散の %	累積 %	回転後の負荷量平方和 合計	分散の %	累積 %	
1	2.048	25.606	25.606	1.405	17.561	17.561	.936	11.699	11.699	
2	1.169	14.609	40.215	.609	7.616	25.177	.799	9.983	21.682	
3	1.068	13.345	53.560	.354	4.431	29.608	.634	7.926	29.608	← ③
4	.974	12.177	65.737							
5	.833	10.407	76.144							
6	.732	9.148	85.292							
7	.642	8.023	93.315							
8	.535	6.685	100.000							

因子抽出法: 主因子法

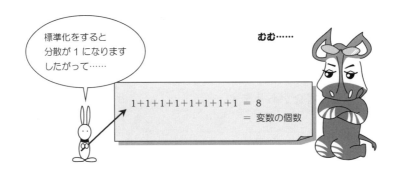

【出力結果の読み取り方・その2】

← ③　変数が8個あるので，因子も形式的に第1因子から第8因子まで考えられますが，意味のある因子は固有値が1より大きい因子だけです．

　　よって，第1因子から第3因子まで取り上げることになります．

　　この第1因子から第8因子までの固有値を折れ線グラフで図示したものが，スクリープロットです．　☞ p.157

　　第1因子から第8因子までの固有値を合計すると
$$2.048 + 1.169 + 1.068 + \cdots + 0.642 + 0.535 = 8$$
となり，この8は変数の個数に一致します．

分散の％＝固有値の％のこと．

$$25.606 = \frac{2.048}{8} \times 100$$

$$14.609 = \frac{1.169}{8} \times 100$$

因子抽出後の因子負荷平方和

$1.405 = (0.612)^2 + (0.559)^2 + (-0.387)^2 + (-0.329)^2$
$\qquad + (-0.320)^2 + (0.246)^2 + (0.492)^2 + (-0.235)^2$

← ④因子行列の
　第1因子の2乗和

回転後の因子負荷平方和

$0.936 = (0.702)^2 + (0.542)^2 + (0.161)^2 + (0.029)^2$
$\qquad + (0.012)^2 + (-0.200)^2 + (-0.165)^2 + (-0.234)^2$

← ⑤回転後の
　因子行列の
　第1因子の
　2乗和

分散や固有値は
つまり
情報量のことですね

10.2　因子分析のための手順［主因子法］

【SPSS による出力・その3】 ——因子分析（主因子法）——

因子行列[a]

	因子 1	因子 2	因子 3
健康度	.612	−.175	.331
ストレス	.559	−.148	.145
健康習慣	−.387	.039	.213
社会支援	−.329	.202	.116
社会役割	−.320	.245	.183
医療機関	.246	.199	−.141
生活環境	.492	.641	.016
健康行動	−.235	.061	.333

← ④

因子抽出法: 主因子法
a. 3 個の因子の抽出が試みられました。25 回以上の反復が必要です。(収束基準 =.011)。抽出が終了しました。

回転後の因子行列[a]

	因子 1	因子 2	因子 3
健康度	.702	.107	−.102
ストレス	.542	.129	−.212
生活環境	.161	.791	.034
医療機関	.029	.312	−.148
健康行動	.012	−.109	.398
社会役割	−.200	.027	.394
健康習慣	−.165	−.187	.367
社会支援	−.234	−.005	.329

← ⑤

因子抽出法: 主因子法
回転法: Kaiser の正規化を伴うバリマックス法
a. 6 回の反復で回転が収束しました。

因子変換行列

因子	1	2	3
1	.727	.494	−.477
2	−.321	.859	.399
3	.607	−.137	.783

← ⑥

因子抽出法: 主因子法
回転法: Kaiser の正規化を伴うバリマックス法

手順 10 で
サイズによる並び替え
をしたから
結果が見やすいね

因子負荷は
"因子負荷量"
ともいいます

【出力結果の読み取り方・その3】

←④ 主因子法によって，第1因子から第3因子までの因子負荷を求めています．

$$因子負荷 = 因子と変数の相関係数$$

←⑤ ④で求めた因子負荷をバリマックス回転して得られた因子負荷．

第1因子では

$$健康度 = 0.702 \quad ストレス = 0.542$$

といったところの因子負荷が大きいので

$$第1因子 = "健康に対する自覚"$$

を表していると考えられます．同様にして

$$第2因子 = "健康に関する地域環境"$$
$$第3因子 = "健康意識ネットワーク"$$

のように読み取ります．

読み取り方は
人によっていろいろ
人生いろいろ…

←⑥ ストレスに注目してみると，

$$因子行列，回転後の因子行列，因子変換行列$$

の関係は，次のようになっています．

回転後の因子行列　　　因子行列　　　　因子変換行列
$$[0.542 \ 0.129 \ -0.212] = [0.559 \ -0.148 \ 0.145] \cdot \begin{bmatrix} 0.727 & 0.494 & -0.477 \\ -0.321 & 0.859 & 0.399 \\ 0.607 & -0.137 & 0.783 \end{bmatrix}$$

たとえば，この行列の計算は

$$0.542 = 0.559 \times 0.727 + (-0.148) \times (-0.321) + 0.145 \times 0.607$$

のようになっています． ↑行列の掛け算『よくわかる線型代数』

この因子変換行列は直交行列です！

【SPSSによる出力・その4】 ——因子分析（主因子法）——

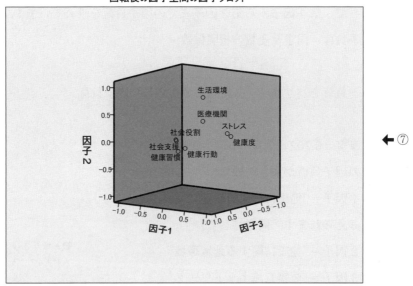

回転後の因子空間の因子プロット

← ⑦

⑧ ↓

	ストレス	健康行動	健康習慣	社会支援	社会役割	健康度	生活環境	医療機関	FAC1_1	FAC2_1	FAC3_1
1	3	0	5	4	8	3	2	3	-.24893	-.94998	-.13872
2	3	0	1	2	5	3	2	2	-.04361	-1.06055	-1.16815
3	3	1	5	8	7	3	3	3	-.29251	.12366	.54008
4	3	2	7	7	6	3	2	3	-.18075	-1.03806	.61112
5	2	1	5	8	4	2	2	4	-1.12471	-.69067	-.26559
6	7	1	2	2	6	4	5	2	1.38925	1.94784	-.26125
7	4	1	3	7	5	3	3	3	.11346	.08585	-.59546
8	1	3	6	8	8	2	3	2	-1.16903	-.07573	1.50312
9	5	4	5	6	6	3	3	3	.34637	-.00932	.81014
10	3	1	5	3	6	3	3	3	-.09204	.02704	-.13248
11	5		4	7		5			970	-.01942	
342		1			8			3	1.10412		2887
343	2	0	0	7	7	3	3	3	-.48092	.29093	-.39864
344	3	0	0	8	8	3	3	2	-.31883	.14142	-.03883
345	6	2	3	8	7	4	4	4	.93872	1.30977	.45958
346	5	1	5	5	6	2	2	2	-.45065	-1.07553	-.11638
347	5	1	4	7	8	2	2	3	-.61527	-.81588	.11699
348											

156　第10章　因子分析

【出力結果の読み取り方・その4】

←⑦　回転後の因子行列⑤の3つの因子を3本の座標軸にとって，分析に用いたすべての変数を3次元空間上に図示しています．

←⑧　因子得点は最小2乗法などを使って推定しなければなりません．

　この因子得点を使って，サンプルを平面上に図示すると，それぞれのサンプルが持つ意味を見つけ出すことができます．

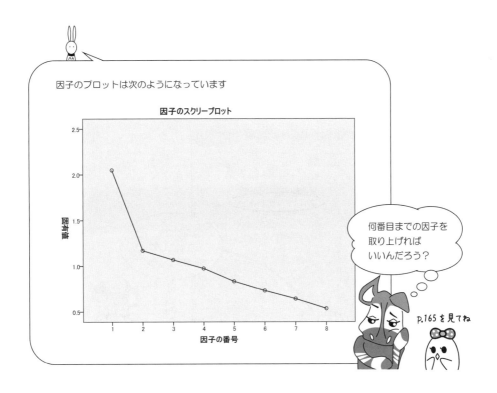

10.2　因子分析のための手順［主因子法］

10.3 因子分析のための手順［最尤法］

【統計処理の手順】

手順1から**手順4**までは主因子法（p.144～145）と同じです．

手順5 最尤法による因子分析をおこなうときは，最尤法を選択！

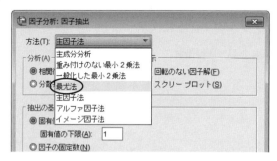

手順6 ついでに，

□ スクリープロット(S)

もチェック．そして，続行(C) ．

反復回数を50回にしておきましょう

どうして？

158　第10章　因子分析

手順 7 次に，回転(T) をクリック．

手順 8 回転の方法がいろいろ用意されていますが，最尤法のときは，

○ プロマックス(P)

□ 因子負荷プロット(L)

もチェックしておきましょう．そして，続行(C)．

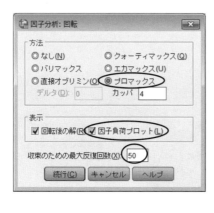

10.3 因子分析のための手順［最尤法］ 159

手順 9 手順7の画面にもどったら，得点(S) をクリック．

次の画面になったら

☐ 変数として保存(S)

をチェックして，続行(C) ．

ここは
因子得点の計算を
するところです

手順 10 手順7の画面にもどったら，オプション(O) をクリックして，

☐ サイズによる並び替え(S)

をチェック．そして，続行(C) ．

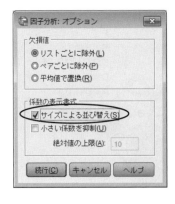

ここの
サイズによる並び替え(S)
はとても便利だね！

160　第10章　因子分析

手順 11 手順 7 の画面にもどったら，記述統計(D) をチェック．
次の画面が現れたら，

　　□ KMO と Bartlett の球面性検定(K)

を選択して，続行(C)．

手順 12 次の画面にもどってきたら，OK ボタンをマウスでカチッ！

【SPSSによる出力・その1】 ——因子分析（最尤法）——

因子分析

KMO および Bartlett の検定

Kaiser-Meyer-Olkin の標本妥当性の測度	.637	← ①
Bartlett の球面性検定 近似カイ2乗	223.472	
自由度	28	
有意確率	.000	← ②

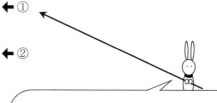

カイザー・マイヤー・オルキンの
妥当性の定義は

$$\text{KMO} = \frac{\sum\sum r_{ij}^2}{\sum\sum r_{ij}^2 + \sum\sum a_{ij}^2} \quad (i \neq j)$$

となりますから
相関行列が単位行列のときには

$r_{ij} = 0$ なので KMO = 0

となります

共通性[a]

	初期	因子抽出後	
ストレス	.217	.293	
健康行動	.068	.126	
健康習慣	.109	.186	
社会支援	.097	.147	← ③
社会役割	.121	.225	
健康度	.223	.716	
生活環境	.147	.999	
医療機関	.111	.120	

因子抽出法: 最尤法

a. 反復中に1つまたは複数の1よりも大きい共通性推定値がありました。得られる解の解釈は慎重に行ってください。

162　第10章　因子分析

【出力結果の読み取り方・その1】

←①　Kaiser-Meyer-Olkin の妥当性です.

　　　この値が 0.5 未満のときは,

　　　　　　　"因子分析をおこなうことへの妥当性がない"

　　と考えられています.

　　　このデータでは 0.637 なので, 因子分析をおこなうことに問題はありません.

←②　Bartlett の球面性検定です.

　　　　　仮説 H_0：相関行列は単位行列である

　　に対し

　　　　　有意確率 0.000 ≦ 有意水準 0.05

　　なので, 仮説 H_0 は棄却されます.

　　　したがって……

　　　変数間に相関があるので, 共通因子を考えることに意味があります.

←③　共通性はその変数がもっている情報量です.

　　　したがって, 共通性の値が 0 に近い変数は,

　　分析から除いた方がよいかもしれません.

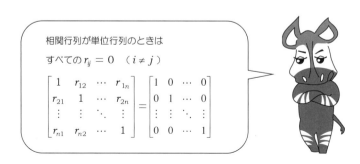

10.3　因子分析のための手順［最尤法］

【SPSSによる出力・その2】 ――因子分析（最尤法）――

説明された分散の合計

因子	初期の固有値 合計	分散の %	累積 %	抽出後の負荷量平方和 合計	分散の %	累積 %	回転後の負荷量平方和[a] 合計
1	2.048	25.606	25.606	1.180	14.747	14.747	1.177
2	1.169	14.609	40.215	1.139	14.244	28.990	1.234
3	1.068	13.345	53.560	.492	6.153	35.144	.919
4	.974	12.177	65.737				
5	.833	10.407	76.144				
6	.732	9.148	85.292				
7	.642	8.023	93.315				
8	.535	6.685	100.000				

因子抽出法: 最尤法

a. 因子が相関する場合は、負荷量平方和を加算しても総分散を得ることはできません。

← ④

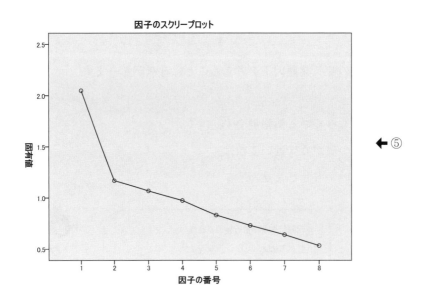

← ⑤

【出力結果の読み取り方・その2】

← ④ 因子の固有値を大きさの順に並べています．
分散の％は，固有値の％のことです．

$$25.606 = \frac{2.048}{2.048 + 1.169 + \cdots + 0.535} \times 100$$

$$= \frac{2.048}{8} \times 100$$

← ⑤ 因子の固有値をグラフで表現しています．
このグラフを見ながら，何番目までの因子を取り上げるか判定します．

折れ線の傾きがゆるやかになると，固有値はあまり変化しなくなるのでその前後のところまでの因子を取り上げます．
因子の数が2より多くなると，スクリープロットがゆるやかになるので取り上げる因子の数は2または3までが適当なようです．

【SPSS による出力・その3】 ――因子分析（最尤法）――

因子行列[a]

	因子 1	因子 2	因子 3
生活環境	.999	−.001	.000
医療機関	.262	.022	−.225
健康度	.209	.804	.162
ストレス	.172	.495	−.133	← ⑥
社会支援	−.048	−.285	.252
社会役割	.040	−.310	.357
健康行動	−.085	−.102	.329
健康習慣	−.167	−.244	.314

因子抽出法: 最尤法
a. 3個の因子が抽出されました。37回の反復が必要です。

適合度検定

カイ2乗	自由度	有意確率
13.585	7	.059	← ⑦

パターン行列[a]

	因子 1	因子 2	因子 3
生活環境	.993	.040	.041
医療機関	.271	−.100	−.238
健康度	−.024	.878	.068
ストレス	.045	.406	−.210	← ⑧
社会役割	.098	−.086	.436
健康習慣	−.122	−.056	.371
健康行動	−.081	.092	.370
社会支援	.011	−.128	.314

因子抽出法: 最尤法
回転法: Kaiser の正規化を伴うプロマックス法
a. 6回の反復で回転が収束しました。

手順10でサイズによる並び替えをしたのは見やすくするためです

【出力結果の読み取り方・その3】

←⑥　プロマックス回転前の因子負荷です．

←⑦　モデルの適合度検定

　　　　仮説 H_0：因子数が3個のモデルに適合している

　に対し

　　　　有意確率 0.059 ＞有意水準 0.05

　なので，仮説 H_0 は棄却されません．

　　したがって，因子数は3個でよさそうです．

> p.158の手順6で
> 因子の固定数を2個にすると
>
> **適合度検定**
>
> | カイ2乗 | 自由度 | 有意確率 |
> |---|---|---|
> | 33.657 | 13 | .001 |
>
> となって仮説 H_0 は棄却されますが
> 因子の固定数を4個にすると
>
> **適合度検定**
>
> | カイ2乗 | 自由度 | 有意確率 |
> |---|---|---|
> | 1.452 | 2 | .484 |
>
> となるため仮説 H_0 は棄却されません

このことからも
取り上げる因子の数は
3個のほうがよさそうだ
と読み取れるわけだね！

←⑧　プロマックス回転後の因子負荷です．

　　この値を見ながら，共通因子に名前をつけます．

【SPSS による出力・その4】 ——因子分析（最尤法）——

構造行列

	因子 1	因子 2	因子 3
生活環境	.999	.270	−.078
医療機関	.270	.066	−.224
健康度	.188	.844	−.296
ストレス	.168	.504	−.383
社会役割	.031	−.243	.462
健康習慣	−.175	−.242	.407
社会支援	−.053	−.256	.366
健康行動	−.096	−.082	.340

← ⑨

因子抽出法: 最尤法
回転法: Kaiser の正規化を伴うプロマックス法

因子相関行列

因子	1	2	3
1	1.000	.249	−.104
2	.249	1.000	−.417
3	−.104	−.417	1.000

← ⑩

因子抽出法: 最尤法
回転法: Kaiser の正規化を伴うプロマックス法

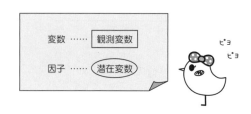

168　第 10 章　因子分析

【出力結果の読み取り方・その4】

← ⑨　構造行列です．

← ⑩　因子相関行列です．

パターン行列，因子相関行列，構造行列の関係は，次のようになっています．

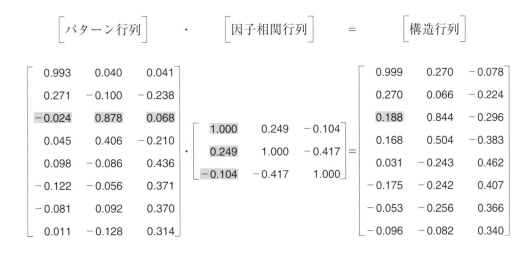

10.3　因子分析のための手順［最尤法］　169

第11章 判別分析

11.1 はじめに

次のデータは地方銀行のA銀行からN銀行について，総資純益から，不債引当率までを調査したものです．

分析したいことは？

● 実力度上位銀行と下位銀行の判別に影響を与える要因を調べてみたい．

表11.1 その銀行は生き残れるのか？

銀 行	実力度	総資純益	人当資益	自己資本	資金平残	株主純益	粗利経費	国内利ザ	不債比率	不債引当
A銀行	上位	100	293	277	2	151	626	936	841	642
B銀行	上位	440	344	342	12	204	414	1000	985	1000
C銀行	上位	407	411	773	42	185	424	702	873	349
D銀行	上位	407	409	499	49	106	459	702	843	409
E銀行	上位	308	474	491	76	184	450	628	946	131
F銀行	上位	286	386	545	69	127	433	564	907	312
G銀行	上位	187	369	878	120	142	329	309	957	329
H銀行	下位	560	195	200	5	73	440	638	439	162
I銀行	下位	385	246	177	17	81	392	606	550	202
⋮	⋮	⋮	⋮	⋮	⋮	⋮	⋮	⋮	⋮	⋮
M銀行	下位	99	107	193	28	96	130	64	688	222
N銀行	下位	187	68	232	4	68	191	277	189	167

【データ入力の型】

表 11.1 のデータは，次のように入力します．

	銀行	実力度	総資純益	人当資益	自己資本	資金平残	株主純益	粗利経費	国内利ザ	不債比率	不債引当
1	A銀行	1	100	293	277	2	151	626	936	841	642
2	B銀行	1	440	344	342	12	204	414	1000	985	1000
3	C銀行	1	407	411	773	42	185	424	702	873	349
4	D銀行	1	407	409	499	49	106	459	702	843	409
5	E銀行	1	308	474	491	76	184	450	628	946	131
6	F銀行	1	286	386	545	69	127	433	564	907	312
7	G銀行	1	187	369	878	120	142	329	309	957	329
8	H銀行	2	560	195	200	5	73	440	638	439	162
9	I銀行	2	385	246	177	17	81	392	606	550	202
10	J銀行	2	220	303	250	54	88	305	383	536	175
11	K銀行	2	440	124	154	7	62	382	394	204	176
12	L銀行	2	88	203	296	33	92	189	330	595	107
13	M銀行	2	99	107	193	28	96	130	64	688	222
14	N銀行	2	187	68	232	4	68	191	277	189	167

	名前	型	幅	小数桁数	ラベル	値	欠損値	列	配置
1	銀行	文字列	9	0		なし	なし	8	左
2	実力度	数値	7	0	実力度ランキン…	{1, 上位}…	なし	8	右
3	総資純益	数値	8	0	総資金業務純益…	なし	なし	8	右
4	人当資益	数値	8	0	1人当たり資金…	なし	なし	8	右
5	自己資本	数値	8	0	自己資本比率	なし	なし	8	右
6	資金平残	数値	8	0	資金量平残	なし	なし	8	右
7	株主純益	数値	8	0	株主資本純益率	なし	なし	8	右
8	粗利経費	数値	8	0	粗利経費率	なし	なし	8	右
9	国内利ザ	数値	8	0	国内総資金利ザ…	なし	なし	8	右
10	不債比率	数値	8	0	不良債権比率	なし	なし	8	右
11	不債引当	数値	8	0	不良債権引当率	なし	なし	8	右

こんなふうに変数ビューでラベルに名前をつけると結果が見やすくなるらしい……

ロジスティック回帰分析も判別分析として利用できます

マハラノビスの距離による判別分析もあります

11.1 はじめに 171

11.2 判別分析のための手順

【統計処理の手順】

手順 1 データを入力したら，分析(A) をクリック．

メニューから 分類(F) ⇨ 判別分析(D) を選択します．

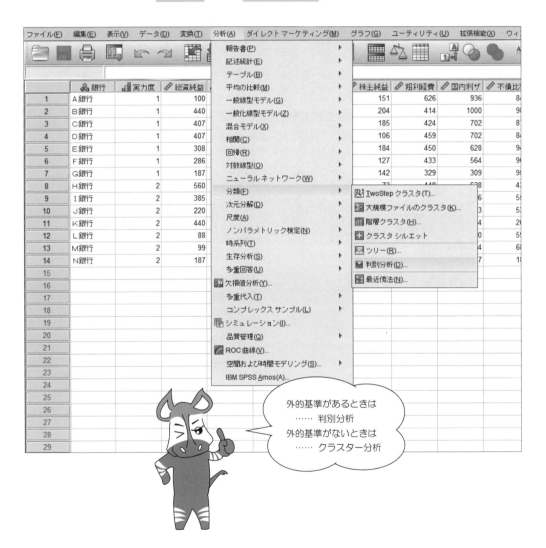

外的基準があるときは
…… 判別分析
外的基準がないときは
…… クラスター分析

手順 2 次の画面が現れたら，実力度をクリックして，
グループ化変数(G) の左側の ➡ をクリック．
すると，実力度が グループ化変数(G) の中に入り，
実力度(? ?) となるので， 範囲の定義(D) をカチッ．

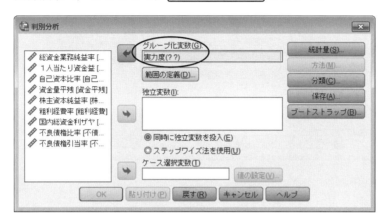

手順 3 次のダイアログボックスが現れるので

　　　　　最小(N) の中に　1
　　　　　最大(X) の中に　2

を入力．そして，続行(C) ．

11.2 判別分析のための手順　173

手順 4 残っている変数はすべて，独立変数(I) の中に移動します．
次のようになったら，統計量(S) をクリック．

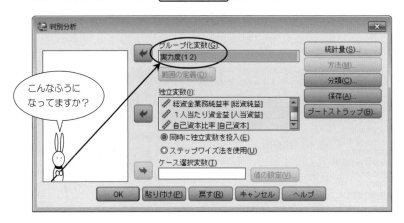

手順 5 いろいろな統計量があるので

☐ Fisher の分類関数の係数(F)

☐ 標準化されていない(U)

をそれぞれチェック．そして，続行(C)．

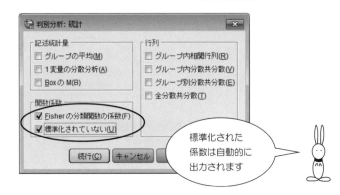

174 第11章 判別分析

手順 6 手順4の画面にもどったら 分類(C) をカチッ．次の画面になるので

  ☐ ケースごとの結果(E) ☐ 集計表(U)

をチェック．そして，続行(C) ．

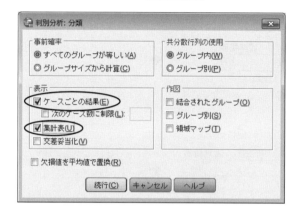

手順 7 手順4の画面にもどるので，保存(A) をカチッとして

  ☐ 予測された所属グループ(P)

  ☐ 判別得点(D)

  ☐ 所属グループの事後確率(R)

をチェック．そして，続行(C) ．

手順4の画面にもどったら，OK ボタンをマウスでカチッ！

【SPSSによる出力・その1】 ——判別分析——

正準判別関数の集計

固有値

関数	固有値	分散の %	累積 %	正準相関
1	16.496[a]	100.0	100.0	.971

← ①

a. 最初の1個の正準判別関数が分析に使用されました。

Wilks のラムダ

関数の検定	Wilks のラムダ	カイ2乗	自由度	有意確率
1	.057	21.465	9	.011

← ②

標準化された正準判別関数係数

	関数 1
総資金業務純益率	-.360
1人当たり資金益	.915
自己資本比率	1.179
資金量平残	-.873
株主資本純益率	.326
粗利経費率	1.502
国内総資金利ザヤ	-1.458
不良債権比率	.184
不良債権引当率	1.203

← ③

構造行列

	関数 1
不良債権比率	.420
株主資本純益率	.385
1人当たり資金益	.384
自己資本比率	.279
粗利経費率	.198
国内総資金利ザヤ	.190
不良債権引当率	.184
資金量平残	.135
総資金業務純益率	.019

← ④

判別変数と標準化された正準判別関数間のプールされたグループ内相関変数は関数内の相関の絶対サイズにしたがって並べ替えられます。

【出力結果の読み取り方・その1】

← ① 固有値が大きいほど，求めた線型判別関数によってうまく判別されています．

← ② ウィルクスの Λ（ラムダ）は 0 と 1 の間の値をとります．

"ウィルクスの Λ は 0 に近いほど，グループがよりよく判別されている"

ことを示しています．

このカイ 2 乗は

仮説 H_0：2 つのグループ間に差はない

を検定しています．有意確率 0.011 は有意水準 $\alpha = 0.05$ より小さいので，この仮説 H_0 は棄てられます．

つまり，グループ間に差があるので，判別分析をすることに意味があります．

$0 \leqq \Lambda \leqq 1$

← ③ 標準化された線型判別関数．

この係数の絶対値の大きい独立変数は判別に貢献しているので，

　　　自己資本比率　　　粗利経費率

　　　国内総資金利ザヤ　不良債権引当率

などは大切な要因と考えられます．

← ④ 各変数と標準化された線型判別関数によるプールされたグループ内相関係数．

各変数が標準化された関数とどの程度関連があるかを示しています．

このデータでは，

　　不良債権比率　株主資本純益率　1 人当たり資金益　自己資本比率

の順で，関連が高いことがわかります．

11.2 判別分析のための手順　177

【SPSS による出力・その2】 ──判別分析──

正準判別関数係数

	関数
	1
総資金業務純益率	−.002
1人当たり資金益	.013
自己資本比率	.008
資金量平残	−.028
株主資本純益率	.012
粗利経費率	.014
国内総資金利ザヤ	−.007
不良債権比率	.001
不良債権引当率	.006
(定数)	−10.509

非標準化係数

← ⑤

分類統計量

分類関数係数

	実力度ランキング	
	上位	下位
総資金業務純益率	−.010	.008
1人当たり資金益	.108	.011
自己資本比率	.097	.040
資金量平残	−.288	−.078
株主資本純益率	.250	.157
粗利経費率	.230	.124
国内総資金利ザヤ	−.097	−.046
不良債権比率	.038	.029
不良債権引当率	.070	.025
(定数)	−109.430	−30.397

Fisher の線型判別関数

⑥

グループの事前確率

		分析で使用されたケース	
実力度ランキング	事前確率	重み付けなし	重み付け
上位	.500	7	7.000
下位	.500	7	7.000
合計	1.000	14	14.000

⑦

178 第 11 章 判別分析

【出力結果の読み取り方・その2】

←⑤ 線型判別関数 z は，次のようになっています．

$$z = -0.002 \times \boxed{総資金業務純益率} + 0.013 \times \boxed{1人当たり資金益}$$
$$+ 0.008 \times \boxed{自己資本比率} - 0.028 \times \boxed{資金量平残}$$
$$+ 0.012 \times \boxed{株主資本純益率} + 0.014 \times \boxed{粗利経費率}$$
$$- 0.007 \times \boxed{国内総資金利ザヤ} + 0.001 \times \boxed{不良債権比率}$$
$$+ 0.006 \times \boxed{不良債権引当率} - 10.509$$

この z の値が判別得点です．

←⑥ フィッシャーの分類関数の係数．

新しいデータがどちらのグループに属するかを判別するための関数です．

新しいデータと分類関数の係数をかけ算して，Fisher の得点を計算し，得点の高い方のグループに属すると判別します．

←⑦ 各グループの事前確率は $\dfrac{1}{2}$ になっています．

この事前確率は，ベイズの規則で使います．

$$P(G_1|D) = \frac{P(D|G_1) \cdot P(G_1)}{P(D|G_1) \cdot P(G_1) + P(D|G_2) \cdot P(G_2)}$$

$$\begin{cases} P(G_1|D) \cdots 事後確率（posterior probability） \\ \qquad\qquad （線型判別関数 D が与えられたときの） \\ P(G_1) \quad \cdots 事前確率（prior probability） \\ \qquad\qquad （グループ G_1 の） \\ P(D|G_1) \cdots 条件付確率（conditional probability） \\ \qquad\qquad （グループ G_1 が与えられたときの） \end{cases}$$

【SPSS による出力・その 3】 ――判別分析――

ケースごとの統計

最大グループ

	ケース番号	実際のグループ	予測グループ	P(D>d | G=g) p	自由度	P(G=g | D=d)	重心への Mahalanobis の距離の 2 乗
元のデータ	1	1	1	.588	1	1.000	.293
	2	1	1	.885	1	1.000	.021
	3	1	1	.156	1	1.000	2.011
	4	1	1	.307	1	1.000	1.043
	5	1	1	.341	1	1.000	.908
	6	1	1	.360	1	1.000	.838
	7	1	1	.432	1	1.000	.616
	8	2	2	.882	1	1.000	.022
	9	2	2	.473	1	1.000	.514
	10	2	2	.124	1	1.000	2.365
	11	2	2	.683	1	1.000	.166
	12	2	2	.943	1	1.000	.005
	13	2	2	.886	1	1.000	.020
	14	2	2	.075	1	1.000	3.176

2 番目のグループ / **判別得点**

	ケース番号	グループ	P(G=g | D=d)	重心への Mahalanobis の距離の 2 乗	関数 1
元のデータ	1	2	.000	65.000	4.302
	2	2	.000	58.757	3.905
	3	2	.000	79.902	5.179
	4	2	.000	42.242	2.739
	5	2	.000	43.132	2.807
	6	2	.000	43.630	2.845
	7	2	.000	68.982	4.545
	8	1	.000	54.340	−3.611
	9	1	.000	46.290	−3.043
	10	1	.000	35.792	−2.222
	11	1	.000	62.861	−4.168
	12	1	.000	57.631	−3.831
	13	1	.000	58.728	−3.903
	14	1	.000	86.540	−5.542

←⑧

【出力結果の読み取り方・その3】

←⑧　判別得点はデータファイルのところに出力されますが，ここにも出力されています．

　　判別得点のプラス・マイナスと2つのグループの対応とから，⑨の正答率を計算することができます．

【SPSSによる出力・その4】 ——判別分析——

分類結果[a]

元のデータ		実力度ランキング	予測グループ番号 上位	予測グループ番号 下位	合計
元のデータ	度数	上位	7	0	7
		下位	0	7	7
	%	上位	100.0	.0	100.0
		下位	.0	100.0	100.0

← ⑨

a. 元のグループ化されたケースのうち 100.0% が正しく分類されました。

	銀行	実力度	総資純益	当	Dis_1	Dis1_1	Dis1_2	Dis2_2
1	A銀行	1	100	642	1	4.30199	1.00000	.00000
2	B銀行	1	440	1000	1	3.90504	1.00000	.00000
3	C銀行	1	407	349	1	5.17850	1.00000	.00000
4	D銀行	1	407	409	1	2.73908	1.00000	.00000
5	E銀行	1	308	131	1	2.80717	1.00000	.00000
6	F銀行	1	286	12	1	2.84501	1.00000	.00000
7	G銀行	1	187	29	1	4.54524	1.00000	.00000
8	H銀行	2	560	162	2	-3.61131	.00000	1.00000
9	I銀行	2	385	202	2	-3.04338	.00000	1.00000
10	J銀行	2	220	175	2	-2.22238	.00000	1.00000
11	K銀行	2	440	176	2	-4.16819	.00000	1.00000
12	L銀行	2	88	107	2	-3.83122	.00000	1.00000
13	M銀行	2	99	222	2	-3.90315	.00000	1.00000
14	N銀行	2	187	67	2	-5.54241	.00000	1.00000
15								

⑩ ⑪ ⑫ ⑬

【出力結果の読み取り方・その4】

←⑨ 線型判別関数による判別結果を示しています．
　　上位グループの正答率が100%になっています．
　　下位グループも正答率が100%になっています．

←⑩ 予測された所属グループです．

←⑪ 判別得点です．

←⑫ グループ1に属する事後確率です．

←⑬ グループ2に属する事後確率です．

【マハラノビスの距離の 2 乗の求め方】

マハラノビスの距離は，次のように求めます．

手順 1. データを用意します．

表 11.2 データ

No.	x_1	x_2
1	9.1	54.5
2	10.4	68.0
3	8.2	53.5
4	7.5	47.6
5	9.7	52.5
6	4.9	45.3

手順 2. 各変数の平均を計算します．

表 11.3 平均値

	$\overline{x_1}$	$\overline{x_2}$
平 均	8.3	53.5666667

手順 3. データと平均との差を計算します．

表 11.4 データと平均値との差

No.	$x_1 - \overline{x_1}$	$x_2 - \overline{x_2}$
1	0.8	0.9333333
2	2.1	14.4333333
3	−0.1	−0.0666667
4	−0.8	−5.9666667
5	1.4	−1.0666667
6	−3.4	−8.2666667

手順 4. データの分散共分散行列を計算します．

$$\begin{bmatrix} 分散 & 共分散 \\ 共分散 & 分散 \end{bmatrix} = \begin{bmatrix} 3.844 & 12.49 \\ 12.49 & 62.8546667 \end{bmatrix}$$

手順5. 分散共分散行列の逆行列を計算します.

$$\begin{bmatrix} 分散 & 共分散 \\ 共分散 & 分散 \end{bmatrix}^{-1} = \begin{bmatrix} 0.7341699 & -0.1458887 \\ -0.1458887 & 0.0448996 \end{bmatrix}$$

手順6. 次の3つの行列の積を計算すると……

$$\begin{bmatrix} 0.8 & 0.9333333 \end{bmatrix} \cdot \begin{bmatrix} 0.7341699 & -0.1458887 \\ -0.1458887 & 0.0448996 \end{bmatrix} \cdot \begin{bmatrix} 0.8 \\ 0.9333333 \end{bmatrix}$$

$$= 0.2911$$

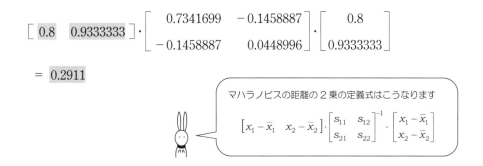

マハラノビスの距離の2乗の定義式はこうなります

$$\begin{bmatrix} x_1 - \bar{x}_1 & x_2 - \bar{x}_2 \end{bmatrix} \cdot \begin{bmatrix} s_{11} & s_{12} \\ s_{21} & s_{22} \end{bmatrix}^{-1} \cdot \begin{bmatrix} x_1 - \bar{x}_1 \\ x_2 - \bar{x}_2 \end{bmatrix}$$

手順7. 次のように,マハラノビスの距離の2乗が求まります.

表11.5 マハラノビスの距離の2乗

No.	マハラノビスの距離の2乗
1	0.2911
2	3.7475
3	0.0056
4	0.6756
5	1.9258
6	3.3545

No.1 から No.6 まで順番に計算してみよう!

第12章 クラスター分析

12.1 はじめに

次のデータは，ヨーロッパ11か国のエイズ患者数と新聞の発行部数です．

> **分析したいことは？**
>
> ● エイズ患者数と新聞の発行部数の2つの変数を用いて，
> ヨーロッパ各国を分類してみたい．

表12.1 エイズに対する正しい知識

No.	国名	エイズ	新聞部数
1	オーストリア	6.6	35.8
2	ベルギー	8.4	22.1
3	フランス	24.2	19.1
4	ドイツ	10.0	34.4
5	イタリア	14.5	9.9
6	オランダ	12.2	31.1
7	ノルウェー	4.8	53.0
8	スペイン	19.8	7.5
9	スウェーデン	6.1	53.4
10	スイス	26.8	50.0
11	イギリス	7.4	42.1

【データ入力の型】

表 12.1 のデータは，次のように入力します．

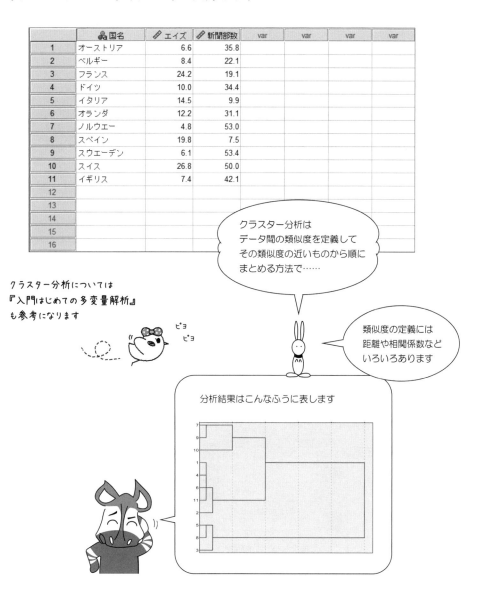

12.1 はじめに

12.2 クラスター分析のための手順

【統計処理の手順】

手順 1 データを入力したら，分析(A) をクリック．

メニューの中の 分類(F) ⇨ 階層クラスタ(H) を選択します．

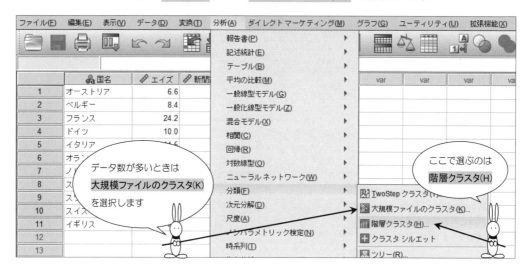

手順 2 次の画面が現れたら，エイズと新聞部数を 変数(V) の中に！

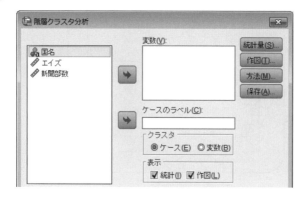

188　第12章　クラスター分析

手順 3 次のように2つの変数が入ったら，統計量(S) をクリック．

手順 4 次の画面になったら，クラスタ凝集経過工程(A) が
チェックされていることを確認して，続行(C)．
すると，画面は**手順3**にもどります．

手順 5 作図(T) をクリックして……

□ デンドログラム(D)

をチェックして，続行(C)．画面は**手順3**へもどります．

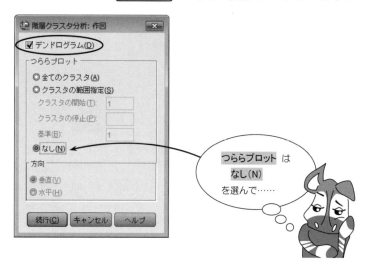

つららプロット は なし(N) を選んで……

手順 6 方法(M) をクリックすると……．

クラスタ化の方法(M) の中に Ward 法が見つかるので，これを選択．

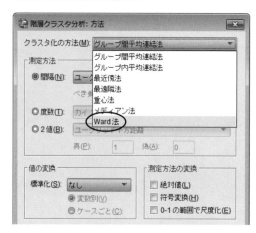

手順 7 クラスタ化の方法(M) の中が，Ward 法になったら，続行(C) .

クラスタ化の方法で
どれを選べばよいか
迷ったら
Ward 法 にしましょう

手順 8 次の画面にもどったら，国名をカチッとして，ケースのラベル(C) の
左の ➡ をクリック．

そして， OK ボタンをマウスでカチッ！

12.2 クラスター分析のための手順 191

【SPSSによる出力・その1】 ──クラスター分析──

Ward 連結

クラスタ凝集経過工程

段階	結合されたクラスタ クラスタ1	クラスタ2	係数	クラスタ初出の段階 クラスタ1	クラスタ2	次の段階
1	7	9	.925	0	0	8
2	1	4	7.685	0	0	4
3	5	8	24.610	0	0	6
4	1	6	45.417	2	0	5
5	1	11	101.130	4	0	7
6	3	5	206.372	0	3	10
7	1	2	357.960	5	0	9
8	7	10	668.668	1	0	9
9	1	7	1372.854	7	8	10
10	1	3	3277.236	9	6	0

←①

↑
②

外的基準がないときは
　……　クラスター分析

外的基準があるときは
　……　判別分析
　　　　ロジスティック回帰分析

外的基準とは
従属変数のようなもの…

192　第12章　クラスター分析

【出力結果の読み取り方・その1】

←① クラスタの構成されていく段階を表にまとめています.

段階 1 ……｛7｝と｛9｝
段階 2 ……｛1｝と｛4｝
段階 3 ……｛5｝と｛8｝
段階 4 ……｛1, 4｝と｛6｝
段階 5 ……｛1, 4, 6｝と｛11｝
段階 6 ……｛3｝と｛5, 8｝
段階 7 ……｛1, 4, 6, 11｝と｛2｝
段階 8 ……｛7, 9｝と｛10｝
段階 9 ……｛1, 2, 4, 6, 11｝と｛7, 9, 10｝
段階 10 ……｛1, 2, 4, 6, 7, 9, 10, 11｝と｛3, 5, 8｝

クラスタが次々と構成されてゆきます

←② 係数のところは，次のように計算しています．

$$係数 = 係数 + \frac{平方ユークリッド距離}{2}$$

$$0.925 = 0 + \frac{1.850}{2}$$

$$7.685 = 0.925 + \frac{13.520}{2}$$

【SPSS による出力・その 2】 ──クラスター分析──

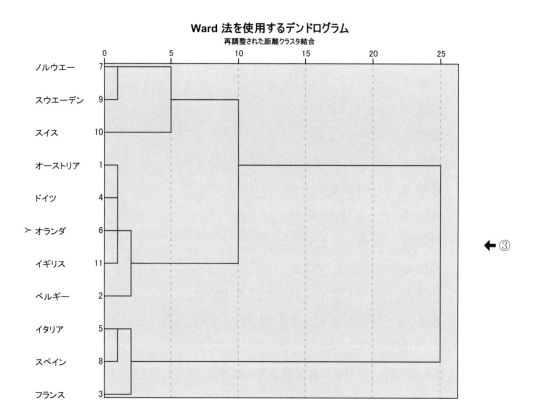

【出力結果の読み取り方・その2】

←③　これがデンドログラムです．

統計処理はグラフ表現がで〜す

デンドログラムを見ると
クラスタが構成されていく
順序がよくわかるなあ〜

第13章 多次元尺度法

13.1 はじめに

次のデータは，アメリカの 10 大都市間の飛行距離を調査した結果です．

分析したいことは？

◉ アメリカの 10 大都市の位置関係はどうなっているのかなあ？

表 13.1 アメリカの 10 大都市間の飛行距離

	アトランタ	シカゴ	デンバー	ヒューストン	ロサンゼルス	マイアミ	ニューヨーク	サンフランシスコ	シアトル	ワシントン
アトラ	0	587	1212	701	1936	604	748	2139	2182	543
シカゴ	587	0	920	940	1745	1188	713	1858	1737	597
デンバ	1212	920	0	879	831	1726	1631	949	1021	1494
ヒュー	701	940	879	0	1374	968	1420	1645	1891	1220
ロサン	1936	1745	831	1374	0	2339	2451	347	959	2300
マイア	604	1188	1726	968	2339	0	1092	2594	2734	923
ニュー	748	713	1631	1420	2451	1092	0	2571	2408	205
サンフ	2139	1858	949	1645	347	2594	2571	0	678	2442
シアト	2182	1737	1021	1891	959	2734	2408	678	0	2329
ワシン	543	597	1494	1220	2300	923	205	2442	2329	0

【データ入力の型・その1】 ──基本的多次元尺度データ──

表 13.1 のように，データが対称の形で与えられている場合は，次のように左下半分だけ入力すれば十分です．

下三角行列ですね

	アトランタ	シカゴ	デンバー	ヒューストン	ロサンゼルス	マイアミ	ニューヨーク	サンフランシスコ	シアトル	ワシントン
1	0									
2	587	0								
3	1212	920	0							
4	701	940	879	0						
5	1936	1745	831	1374	0					
6	604	1188	1726	968	2339	0				
7	748	713	1631	1420	2451	1092	0			
8	2139	1858	949	1645	347	2594	2571	0		
9	2182	1737	1021	1891	959	2734	2408	678	0	
10	543	597	1494	1220	2300	923	205	2442	2329	0
11										
12										

これは飛行距離行列です

飛行距離から何がわかるかというと……

多次元尺度法はデータ間の距離の情報から似ているデータを近くに似てないデータを遠くに配置する統計手法のことです

多次元尺度法にはこの他にもいろいろな手法があります

13.1 はじめに 197

【データ入力の型・その2】 ——アンケート調査の多次元尺度データ——

次のアンケート調査を100人の調査回答者に対しておこなったところ……

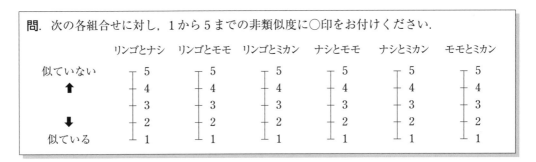

次のようなアンケート調査の結果が得られました.

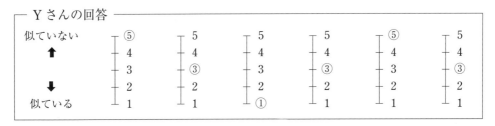

このアンケート調査のデータ入力は，次のようになります．

	リンゴ	ナシ	モモ	ミカン	
1	0	.	.	.	⎫
2	5	0	.	.	⎬ Yさんの回答
3	3	3	0	.	
4	1	5	3	0	⎭
5	0	.	.	.	⎫
6	2	0	.	.	⎬ Tさんの回答
7	2	1	0	.	
8	1	1	1	0	⎭
9	0	.	.	.	⎫
10	4	0	.	.	⎬ Kさんの回答
11	1	2	0	.	
12	1	3	1	0	⎭
13	0	.	.	.	
14	5	0	.	.	
15	3	3	0	.	
16	1	5	3	0	
17	0	.	.	.	
18	2	0	.	.	
19					

リンゴ → 1
ナシ → 2
モモ → 3
ミカン → 4

統計処理は次のように進んで

分析(A)
　⇒ 尺度(A)
　　⇒ 多次元尺度法(ALSCAL)(M)

距離行列はこのように分かれます

13.1 はじめに

13.2 多次元尺度法のための手順

【統計処理の手順】

手順 1 データを入力したら，分析(A) をクリック．

メニューから 尺度(A) ⇨ 多次元尺度法(ALSCAL)(M) を選択すると……

手順 2 画面が次のようになるので，変数(V) の中へ

データファイルの順番通りに，変数を1つ1つ移動します．

変数の順番に注意してください

200 第13章 多次元尺度法

手順 3 データファイルは，アトランタ ⇨ シカゴ ⇨ デンバー ⇨ ヒューストン
のように並んでいるので，次のようにデータと同じ順に並べます!!

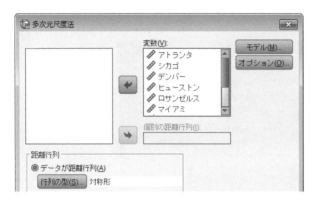

手順 4 データが距離行列のときは，このまま次の**手順 5** へ．

データから距離行列を作成するときには，

　　　○ データから距離行列を作成(C)

のところをクリック．

手順 5 モデル(M) をクリックすると，次のようになるので，

尺度レベル の ○比データ(R) をクリックして，続行(C).

手順4 の画面にもどり……

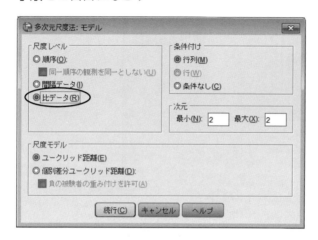

手順 6 さらに，オプション(O) をクリックすると，次の画面になります．
まず，表示 のところの □グループプロット(G) をチェック．
続いて，基準 を次のように変えて，続行(C).

202 第13章 多次元尺度法

手順 7 次の画面にもどってきたら，OK ボタンをマウスでカチッ！

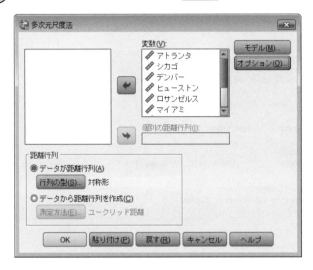

p.210にある
【多次元尺度法はやわかり】
も見てくださいね！

【SPSS による出力・その1】　――多次元尺度法――

多次元尺度法

Iteration history for the 2 dimensional solution (in squared distances)

Young's S-stress formula 1 is used.

Iteration	S-stress	Improvement
1	.00308	
2	.00280	.00029

← ①

Iterations stopped because
S-stress improvement is less than   .001000

Stress and squared correlation (RSQ) in distances

RSQ values are the proportion of variance of the scaled data (disparities)
in the partition (row, matrix, or entire data) which
is accounted for by their corresponding distances.
Stress values are Kruskal's stress formula 1.

　　　　　For matrix
Stress = .00232   RSQ = .99998　　　　← ②

Configuration derived in 2 dimensions

【出力結果の読み取り方・その 1】

← ①　S-stress は p.208 の④の図のように，表 7.1 のデータを 2 次元平面に
あてはめたときの適合の程度を示す値で，

　　　　　　"0 に近いほど適合が良い"

ことを示します。

　　　　1 回目の計算で S-stress が 0.00308
　　　　2 回目の計算で S-stress が 0.00280

この差が基準の値より小さくなれば計算を中止します．

　ここでは 0.001 を基準にしているので，

1 回目と 2 回目との差 0.00029 が基準の 0.001 より

小さくなったところで，反復計算がストップしました．

← ②　この Stress は Kruskal のストレスで，S-stress と同じように，

　　　　　　"0 に近いほど適合の程度が良い"

ことを示しています．

　Stress = 0.00232 なので，④の図による表現はうまくいっています．

　RSQ は決定係数のことで，

　　　　この値が 1 に近いほどあてはまりが良い

ことになります．

　したがって

　　　　RSQ = 0.99998 なので，良くあてはまっている

ことがわかります．

【SPSSによる出力・その2】　──多次元尺度法──

```
                Stimulus Coordinates

                      Dimension

Stimulus   Stimulus      1          2
Number     Name

   1        アト         .9587     -.1913
   2        シカ         .5095      .4537
   3        デン        -.6435      .0330
   4        ヒュ         .2150     -.7627
   5        ロサ       -1.6042     -.5161
   6        マイ        1.5104     -.7733
   7        ニュ        1.4293      .6907
   8        サン       -1.8940     -.1482
   9        シア       -1.7870      .7677
  10        ワシ        1.3059      .4465
```

← ③

```
Abbreviated   Extended
Name          Name

アト          アトランタ
サン          サンフランシスコ
シア          シアトル
シカ          シカゴ
デン          デンバー
ニュ          ニューヨーク
ヒュ          ヒューストン
マイ          マイアミ
ロサ          ロサンゼルス
ワシ          ワシントン
```

2次元とか3次元くらいが妥当な幾何学モデルということだね

206　第13章　多次元尺度法

【出力結果の読み取り方・その2】

←③　表7.1のデータからこの値を求めるところが，多次元尺度法の中心部分．
　　ここではDimension 1，Dimension 2になっているので，
2次元平面上に10大都市を表現することができます．

　　この次元の数を大きくすると適合度は良くなりますが，
たとえば4次元空間上に10大都市を表現してしまっても，
そこからの読み取り方が難しくなります．

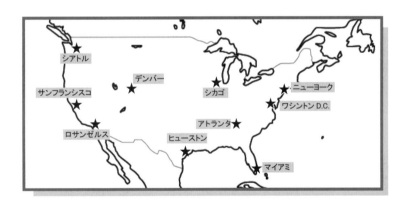

【SPSSによる出力・その3】 ——多次元尺度法——

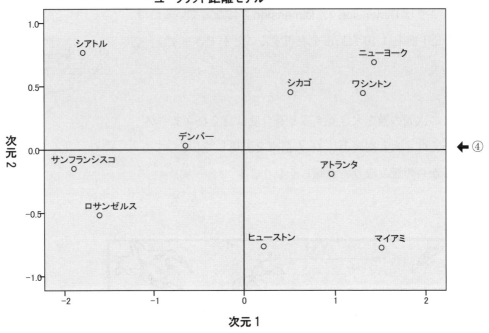

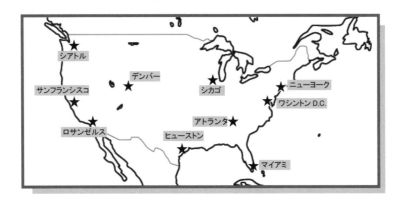

【出力結果の読み取り方・その3】

←④　③で求めた2つの値を，2次元平面上の座標として表現しています．
　　たとえば，アトランタは（0.9587，−0.1913）なので

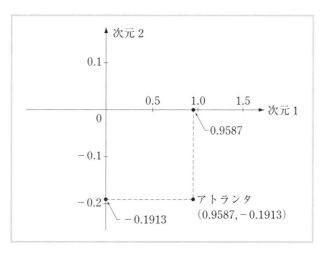

図 13.1

となっています．
　この④の図と，実際のアメリカの地図とを見比べてみましょう．
　表13.1の飛行距離から，
　　　　　10大都市の位置がうまく再現されている
ことにびっくりしますね！

【多次元尺度法はやわかり】

多次元尺度法は，わかりにくい手法といわれています．

この多次元尺度法を一言で表現するなら，

　　　"データ間の類似性を最もうまく表すように

　　　　データの点の位置を定める手法"

となります．

つまり，表7.1の類似性の対称行列データから，③の座標や④の図を求めるのが多次元尺度法なのですが，ここで多次元尺度法を逆向きにたどってみましょう．

手順1． 4人のマンガの主人公の座標が，次のように与えられているとします．

表13.2　データの座標

主人公	座標1	座標2
アトム	2	2
カムイ	1	−2
オバQ	−2	2
のび太	−1	−1

手順2． この座標を2次元平面上に描いてみると……

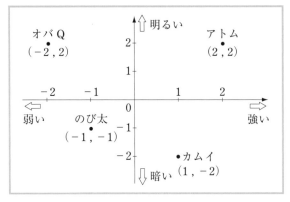

図13.2　データの位置

手順3. 4点をそれぞれ結んでみると……

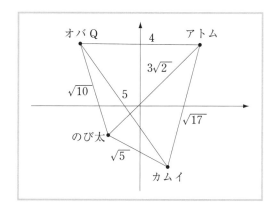

$\sqrt{10} = \sqrt{(-2-(-1))^2 + (2-(-1))^2}$

$\sqrt{17} = \sqrt{(2-1)^2 + (2-(-2))^2}$

$4 = \sqrt{(2-(-2))^2 + (2-2)^2}$

$3\sqrt{2} = \sqrt{(2-(-1))^2 + (2-(-1))^2}$

$5 = \sqrt{(1-(-2))^2 + (-2-2)^2}$

$\sqrt{5} = \sqrt{(1-(-1))^2 + (-2-(-1))^2}$

図 13.3　データ間の関係

手順4. それぞれの距離を求めると……

表 13.3　データ間の距離

	アトム	カムイ	オバQ	のび太
アトム	0	$\sqrt{17}$	4	$3\sqrt{2}$
カムイ	$\sqrt{17}$	0	5	$\sqrt{5}$
オバQ	4	5	0	$\sqrt{10}$
のび太	$3\sqrt{2}$	$\sqrt{5}$	$\sqrt{10}$	0

この**手順4**の表は，表13.1と同じ型をしています．

ということは

手順4 ⇨ **手順3** ⇨ **手順2** ⇨ **手順1**

と進むのが，実は，多次元尺度法なのであり，したがって，多次元尺度法とは

"距離のデータから，もとの位置関係を求める手法"

であることがわかります！

第14章 コンジョイント分析

14.1 はじめに

ある会社で,シャンプーの新製品を売り出すことになりました.

> **分析したいことは?**
>
> ● 消費者は,シャンプーに対し望んでいるのは何かを知りたい.

そこで,次の5つの属性に関して,消費者がどのような組合せを
望んでいるかを調査することになりました.

表14.1 シャンプーの属性と水準

		水準		
		A型	B型	C型
	デザイン			
	種類	石けん系	高級アルコール系	アミノ酸系
属性	価格	700円	1000円	2000円
	保証書	無		有
	払戻金	無		有

これら5つの属性による組合せをいろいろ作ってみると,すべての組合せは

$$3 \times 3 \times 3 \times 2 \times 2 = 108$$

となって,108通りも存在します.こんなにたくさんの組合せが存在すると,
消費者は,その中から商品を1つ選ぶことは,とてもできません.

そこで，直交表を利用して，バランス良く，108通りの中から18通りだけを取り出してみましょう．

実際には，この18通りのカードに，4通りのホールドアウトカードが追加されるので，組合せのカードの数は22枚になります．

表14.2　これがコンジョイント分析用カードです

カード番号	デザイン	種類	価格	保証書	払戻金	status_	card_
1	A型	高級アルコール系	1000円	有	無	Design	1
2	B型	石けん系	700円	無	無	Design	2
3	B型	高級アルコール系	1000円	無	有	Design	3
4	C型	高級アルコール系	2000円	無	無	Design	4
5	C型	アミノ酸系	1000円	無	無	Design	5
6	A型	アミノ酸系	1000円	無	無	Design	6
7	B型	アミノ酸系	2000円	有	無	Design	7
8	A型	石けん系	2000円	無	有	Design	8
9	C型	石けん系	1000円	無	無	Design	9
10	C型	高級アルコール系	700円	無	有	Design	10
11	C型	石けん系	2000円	有	無	Design	11
12	B型	高級アルコール系	2000円	無	無	Design	12
13	C型	アミノ酸系	700円	有	有	Design	13
14	A型	高級アルコール系	700円	有	無	Design	14
15	B型	石けん系	1000円	有	有	Design	15
16	A型	石けん系	700円	無	無	Design	16
17	A型	アミノ酸系	2000円	無	無	Design	17
18	B型	アミノ酸系	700円	無	無	Design	18
19	A型	アミノ酸系	2000円	有	無	Holdout	19
20	C型	石けん系	700円	有	無	Holdout	20
21	A型	高級アルコール系	2000円	無	無	Holdout	21
22	A型	アミノ酸系	700円	無	無	Holdout	22
23	C型	石けん系	700円	無	無	Simulation	1
24	B型	高級アルコール系	700円	有	有	Simulation	2

←この□内も必要!!

←実際にはカードは1枚ずつバラバラになっています

カード1〜18：直交表を利用して選んだ18通り
カード19〜22：ホールドアウトカード
カード23〜24：シミュレーションカード

14.1　はじめに　213

【コンジョイント分析用カード】

コンジョイント分析用カードは，次のようにしてファイル名"コンジョカード"でデスクトップに保存しておきます．

	デザイン	種類	価格	保証書	払戻金	status_	card_	var
1	1	2	1000	2	1	0	1	
2	2	1	700	1	1	0	2	
3	2	2	1000	1	2	0	3	
4	3	2	2000	1	1	0	4	
5	3	3	1000	1	1	0	5	
6	1	3	1000	1	1	0	6	
7	2	3	2000	2	1	0	7	
8	1	1	2000	1	2	0	8	
9	3	1	1000	1	1	0	9	
10	3	2	700	1	2	0	10	
11	3	1	2000	2	1	0	11	
12	2	2	2000	1	1	0	12	
13	3	3	700	2	2	0	13	
14	1	2	700	2	1	0	14	
15	2	1	1000	2	2	0	15	
16	1	1	700	1	1	0	16	
17	1	3	2000	1	2	0	17	
18	2	3	700	1	1	0	18	
19	1	3	2000	2	1	1	19	
20	3	1	700	2	1	1	20	
21	1	2	2000	1	1	1	21	
22	1	3	700	1	1	1	22	
23	3	1	700	1	1	2	1	
24	2	2	700	2	2	2	2	
25								

```
デザイン  ……   1=A型，2=B型，3=C型
種類     ………  1=石けん系，2=高級アルコール系，3=アミノ酸系
価格     ………  700円，1000円，2000円
保証書   ………  1=無   2=有
払戻金   ………  1=無   2=有
```

	デザイン	種類	価格	保証書	払戻金	status_	card_	var
1	A型	高級アルコール系	1000	有	無	Design	1	
2	B型	石けん系	700	無	無	Design	2	
3	B型	高級アルコール系	1000	無	有	Design	3	
4	C型	高級アルコール系	2000	無	無	Design	4	
5	C型	アミノ酸系	1000	無	無	Design	5	
6	A型	アミノ酸系	1000	無	無	Design	6	
7	B型	アミノ酸系	2000	有	無	Design	7	
8	A型	石けん系	2000	無	有	Design	8	
9	C型	石けん系	1000	無	無	Design	9	
10	C型	高級アルコール系	700	無	有	Design	10	
11	C型	石けん系	2000	有	無	Design	11	
12	B型	高級アルコール系	2000	無	無	Design	12	
13	C型	アミノ酸系	700	有	有	Design	13	
14	A型	高級アルコール系	700	無	無	Design	14	
15	B型	石けん系	1000	有	有	Design	15	
16	A型	石けん系	700	無	無	Design	16	
17	A型	アミノ酸系	2000	無	有	Design	17	
18	B型	アミノ酸系	700	無	無	Design	18	
19	A型	アミノ酸系	2000	有	無	Holdout	19	
20	C型	石けん系	700	有	無	Holdout	20	
21	A型	高級アルコール系	2000	無	無	Holdout	21	
22	A型	アミノ酸系	700	無	無	Holdout	22	
23	C型	石けん系	700	無	無	Simulation	1	
24	B型	高級アルコール系	700	有	有	Simulation	2	
25								

下線で終わる変数名は
SPSSの特殊変数です

こんなふうに
値ラベルを付けておくと
わかりやすいね！

価格は
　　線型 …… LINEAR
価格は低い方が好まれるので
"降順"ですね
逆の場合は"昇順"です

【データ入力の型】

　次に，この 22 枚のカードを消費者に示して，好みの順に 1 番から 22 番まで，順位を付けてもらいます．

```
No.1
デザイン ： A型
種類    ： 高級アルコール系
価格    ： 1000 円
保証書   ： あり
払戻金   ： なし
```

```
No.2
デザイン ： B型
種類    ： 石けん系
価格    ： 700 円
保証書   ： なし
払戻金   ： なし
```

```
No.3
デザイン ： B型
種類    ： 高級アルコール系
価格    ： 1000 円
保証書   ： なし
払戻金   ： あり
```

```
No.4
デザイン ： C型
種類    ： 高級アルコール系
価格    ： 2000 円
保証書   ： なし
払戻金   ： なし
```

⋮

```
No.21
デザイン ： A型
種類    ： 高級アルコール系
価格    ： 2000 円
保証書   ： なし
払戻金   ： なし
```

```
No.22
デザイン ： A型
種類    ： アミノ酸系
価格    ： 700 円
保証書   ： なし
払戻金   ： なし
```

たとえば，消費者猪飼さんの付けた順位は，次のような結果でした．

表 14.3　猪飼さんの付けた順位

	カード番号	デザイン	種類	価格	保証書	払戻金	status	card
順位 3 ➡	1	A型	高級アルコール系	1000円	有	無	Design	1
順位 20 ➡	2	B型	石けん系	700円	無	無	Design	2
順位 9 ➡	3	B型	高級アルコール系	1000円	無	有	Design	3
順位 17 ➡	4	C型	高級アルコール系	2000円	無	無	Design	4
順位 13 ➡	5	C型	アミノ酸系	1000円	無	無	Design	5
順位 15 ➡	6	A型	アミノ酸系	1000円	無	無	Design	6
順位 6 ➡	7	B型	アミノ酸系	2000円	有	無	Design	7
順位 12 ➡	8	A型	石けん系	2000円	無	有	Design	8
順位 14 ➡	9	C型	石けん系	1000円	無	無	Design	9
順位 10 ➡	10	C型	高級アルコール系	700円	無	有	Design	10
順位 7 ➡	11	C型	石けん系	2000円	有	無	Design	11
順位 16 ➡	12	B型	高級アルコール系	2000円	無	無	Design	12
順位 1 ➡	13	C型	アミノ酸系	700円	有	有	Design	13
順位 5 ➡	14	A型	高級アルコール系	700円	有	無	Design	14
順位 2 ➡	15	B型	石けん系	1000円	有	有	Design	15
順位 22 ➡	16	A型	石けん系	700円	無	無	Design	16
順位 11 ➡	17	A型	アミノ酸系	2000円	無	有	Design	17
順位 19 ➡	18	B型	アミノ酸系	700円	無	無	Design	18
順位 8 ➡	19	A型	アミノ酸系	2000円	有	無	Holdout	19
順位 4 ➡	20	C型	石けん系	700円	有	無	Holdout	20
順位 18 ➡	21	A型	高級アルコール系	2000円	無	無	Holdout	21
順位 21 ➡	22	A型	アミノ酸系	700円	無	無	Holdout	22

22枚のカードの順位付けは…　………大変です！

14.1　はじめに

そこで，各消費者に回答してもらったカードを順番に並べて，
カード番号をデータファイルに入力すると，次のようになります．

順位1〜順位11

	消費者	順位1	順位2	順位3	順位4	順位5	順位6	順位7	順位8	順位9	順位10	順位11
1	猪飼様	13	15	1	20	14	7	11	19	3	10	17
2	磯崎様	15	7	18	2	12	3	11	20	16	21	6
3	牧野様	2	18	14	16	22	13	20	10	15	3	1
4	櫛田様	13	10	20	14	2	18	16	22	15	3	1
5	室様	13	18	2	10	20	15	9	5	3	7	11
6	臼井様	15	2	3	12	18	7	20	10	11	4	9
7	池田様	13	7	15	18	2	3	10	20	14	11	19
8	小玉様	15	7	13	4	6	16	8	22	5	9	21
9	奥田様	20	9	10	11	4	5	13	15	2	3	12
10	村山様	8	21	19	17	4	11	12	7	1	6	9
11												
12												

カード番号の順位をデータファイルに入力したときは
シンタックスのところは次のように入力します

/RANK=カード番号1 TO カード番号22

	消費者	カード番号1	カード番号2	カード番号3	…	カード番号22
1	猪飼様	3	20	9	…	21
2	磯崎様	16	4	6	…	12
3	牧野様	11	1	10	…	5

この状態から，コンジョイント分析の手順が始まります．

コンジョイント分析用カードは，ここではデスクトップに保存しておきます．

14.1 はじめに

14.2 コンジョイント分析のための手順

【統計処理の手順】

手順 1 コンジョイント分析の手順は，まず

　　　　ファイル(F) ⇨ 新規作成(N) ⇨ シンタックス(S)

とクリックします．すると……

手順 2 次のシンタックス・エディタ画面が現れます．あとは，この白い画面に……

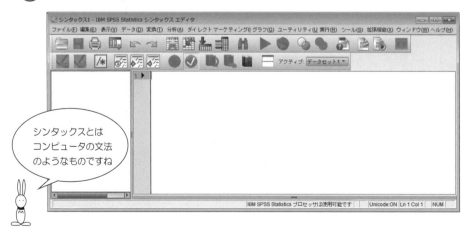

シンタックスとは
コンピュータの文法
のようなものですね

220　第 14 章　コンジョイント分析

手順 3 次のようなシンタックス・コマンドを入力し……

CONJOINT PLAN='C：\Users\XXXXX\Desktop\コンジョカード.SAV'

　　　　　　　　　　　　　　↑ p.214 で保存したファイル名．コンジョカードを指定している

/DATA=*　　　　　　　　　　　←*は"画面上に開いているデータを使用せよ"の意味

/SEQUENCE=順位1　TO　順位22　　　　　　　　　　　←好みの順位

/SUBJECT=消費者

/FACTORS=デザイン（DISCRETE）　種類（DISCRETE）　価格（LINEAR LESS）

　　　　　保証書（DISCRETE）　払戻金（DISCRETE）　　　　←5つの因子

/PRINT=ALL.　　　　　　　　　　　　　　　←"すべてを出力せよ"の意味

手順 4 実行(R) ⇨ すべて(A) とクリックするだけ!!

【SPSSによる出力・その1】 ──コンジョイント分析──

被験者 1: 猪飼様　　←⓪

ユーティリティ(U)　　←①

		ユーティリティ推定値	標準誤差
デザイン	A型	.000	.648
	B型	-.667	.648
	C型	.667	.648
種類	石けん系	-1.333	.648
	高級アルコール系	1.000	.648
	アミノ酸系	.333	.648
保証書	無	-4.500	.486
	有	4.500	.486
払戻金	無	-2.500	.486
	有	2.500	.486
価格	700	.013	.577
	1000	.018	.825
	2000	.036	1.650
(定数)		11.811	1.139

重要度値[a]

デザイン	7.537
種類	13.190
保証書	50.876　←②
払戻金	28.264
価格	.132

a. 1 反転
b. 反転済み

【出力結果の読み取り方・その1】

←⓪　猪飼様のコンジョイント分析の結果です．

←①　ユーティリティの数字は，5つの属性における各水準ごとの
　　　　　　部分効用スコア　　標準誤差
を表しています．

　　たとえば，次の5つの水準の組合せに対して，部分効用スコアを合計すると

　　　　　　B型 ＋ アミノ酸系 ＋ 無 ＋ 有 ＋ 700円 ＋ 定数
　　　　　　－0.667＋0.333　　－4.500＋2.500＋0.013　＋11.811
　　　　　＝9.490

となります．つまり，
上の5つの水準の組合せに対する全効用スコアが9.490です．
　　この全効用スコアの大きい組合せを，猪飼様が望んでいることになります．

←②　重要度とは，5つの属性の重要度をパーセントで表現したものです．
　　保証書の重要度が50.876%で最も大きいので，
　　　　　　猪飼様には，5つの属性のうち保証書の有無が最も重要である
ことがわかります．
　　逆に，価格の重要度は0.132%なので，
　　　　　　価格をそれほど問題にしていない
といったことが読み取れます．

14.2　コンジョイント分析のための手順　223

【SPSSによる出力・その2】 ——コンジョイント分析——

係数

	B 係数	
	推定値	標準誤差
価格	1.799E-5	.001

← ③

$1.799\text{E}-5$
$= 1.799 \times 10^{-5}$
$= 0.00001799$

相関分析[a]

	値	有意確率
Pearson の R	.960	.000
Kendall のタウ	.856	.000
ホールドアウトに対するKendall のタウ	.667	.087

← ④

a. 観測嗜好値と予測嗜好値の相関

シミュレーションの嗜好得点

カード番号	ID	スコア
1	1	4.157
2	2	19.157

← ⑤

図 14.1 は
この表の散布図です

価格	部分効用スコア
700	0.013
1000	0.018
2000	0.036

Excel で描きました

224 第14章 コンジョイント分析

【出力結果の読み取り方・その2】

←③　B係数とは，次の回帰直線の傾きのことです．

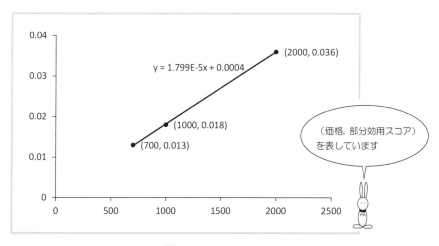

図 14.1

←④　モデルとデータの適合の良さを示す相関係数です．

←⑤　表 14.2 の最後にある 2 枚のシミュレーションカードの全効用スコアを求めています．
　　カード 1 よりも，カード 2 の全効用スコアの方が大きいことがわかります．
　　したがって，知りたい商品の組合せを
シミュレーションカードのところに入れておくと，
なにかと役に立ちそうですね!!

【SPSSによる出力・その3】 ——コンジョイント分析——

全体の統計量　　←⑥

ユーティリティ(U)

		ユーティリティ推定値	標準誤差
デザイン	A型	-2.233	.200
	B型	1.867	.200
	C型	.367	.200
種類	石けん系	.367	.200
	高級アルコール系	-.350	.200
	アミノ酸系	-.017	.200
保証書	無	-1.000	.150
	有	1.000	.150
払戻金	無	-.625	.150
	有	.625	.150
価格	700	-1.128	.178
	1000	-1.612	.255
	2000	-3.223	.509
(定数)		12.029	.352

重要度値

デザイン	36.171
種類	14.993
保証書	11.562
払戻金	9.134
価格	28.140

←⑦

平均化された重要度得点

【出力結果の読み取り方・その3】

←⑥　コンジョイント分析では①のように，
　　各消費者ごとにユーティリティや重要度を出力しますが，
　　すべての消費者をまとめたコンジョイント分析の結果が，
　　ここの出力です．

←⑦　消費者がシャンプーを購入するとき，気になるのは
　　　　　デザイン（＝36.171）
　　　　　価格（＝28.140）
　　といった傾向がわかります！

【SPSS による出力・その4】　——コンジョイント分析——

係数

	B 係数 推定値	
価格	−.002	← ⑧

相関分析[a]

	値	有意確率
Pearson の R	.981	.000
Kendall のタウ	.866	.000
ホールドアウトに対する Kendall のタウ	.667	.087

a. 観測嗜好値と予測嗜好値の相関

図 14.2 は
この表の散布図です

価格	部分効用スコア
700	−1.128
1000	−1.612
2000	−3.223

シミュレーションの嗜好得点

カード番号	ID	スコア
1	1	10.009
2	2	14.043

でも……
コンジョイント分析には
・**完全型コンジョイント分析**
・**選択型コンジョイント分析**
の2種類あるんでしょう？

そうです！

ここでは
完全型コンジョイント分析
をおこないました

【出力結果の読み取り方・その4】

← ⑧　B 係数とは，次の回帰直線の切片のことです．

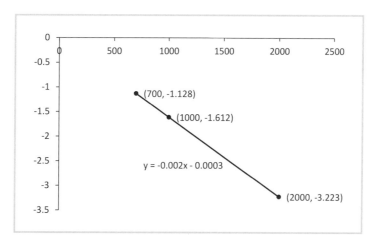

図 14.2

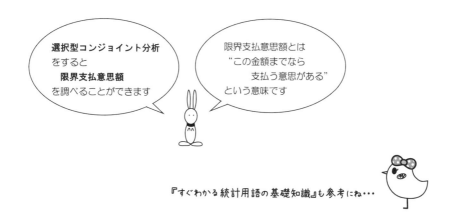

第15章 パス解析

15.1 はじめに

次のデータは,

- 平均寿命
- 医療費の割合
- タンパク質摂取量

について調査した結果です.

表 15.1 長生きの秘訣

No.	平均寿命	医療費の割合	タンパク質摂取量
1	65.7	3.27	69.7
2	67.8	3.06	69.7
3	70.3	4.22	71.3
4	72.0	4.10	77.6
5	74.3	5.26	81.0
6	76.2	6.18	78.7

分析したいことは？

⦿ この3つの変数の間に，どのような関係があるのだろうか？

そこで，次のようなパス図を考えてみましょう.

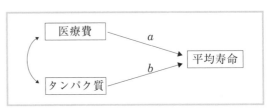

図 15.1 パス図とパス係数

矢印のことを"パス"
a, b のことを"パス係数"
といいます

【データ入力の型】

表 15.1 のデータは，次のように入力します．

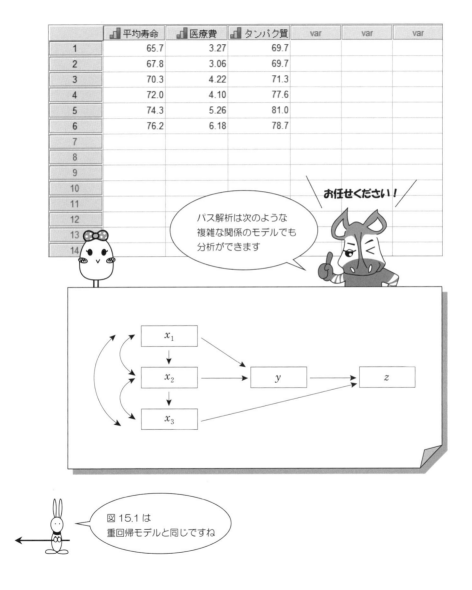

15.2 パス解析のための手順

Amos は，パス解析や共分散構造分析のために開発された統計ソフトです．

信じられないことですが

"Amos を動かすために，予備知識はほとんど不要！"

なのです．

ともかく，Amos を動かしてみましょう．

【統計処理の手順】

手順 ① データを入力したら，分析(A) をクリック．

メニューの中の IBM SPSS Amos(A) を選びます．

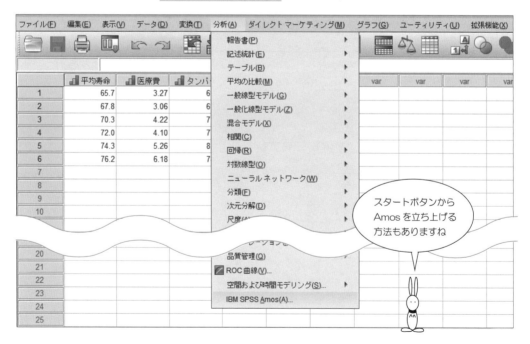

スタートボタンから Amos を立ち上げる方法もありますね

手順 2 次の画面が現れるので，この大きいワクの中に
"変数間で成り立ちそうな関係図を描く"
と，それでおしまい！

でも，その前に……

15.2 パス解析のための手順

表 15.1 のように

　　　　"平均寿命，医療費の割合，タンパク質摂取量の間の関係"
といった場合，たとえば

　　　　"医療費の割合とタンパク質摂取量が平均寿命に与える影響"
を調べてみましょう．

すぐ思いつくモデルは，重回帰モデルなので

$$\boxed{平均寿命} = b_1 \times \boxed{医療費} + b_2 \times \boxed{タンパク質} + b_0$$

となります．

このとき，パス解析ではこのモデルを，次の図で表現します．

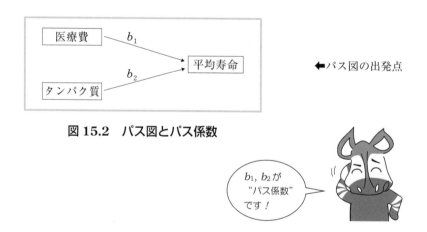

図 15.2　パス図とパス係数

つまり，このパス図を Amos の大きいワクの中に描けば OK です！

といっても，動かせるのはマウスだけなので，Amos の画面の左側にあるツールボックスを利用します．

それでは，図 15.2 のパス図を作ってみましょう．

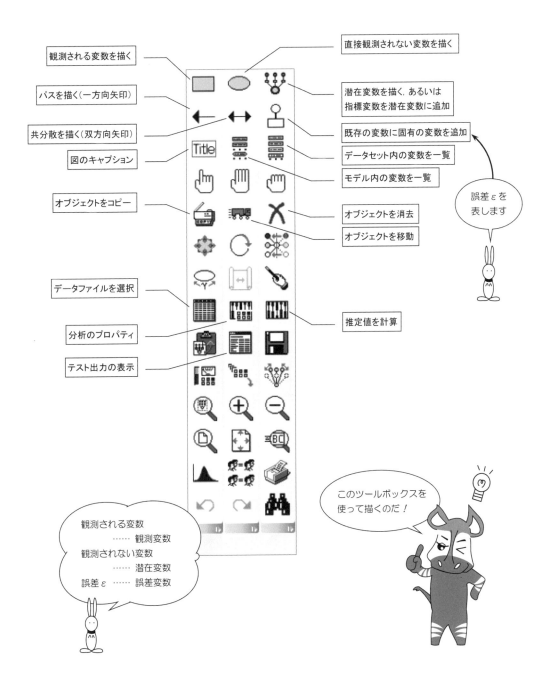

15.2 パス解析のための手順　235

手順 ③

まず，マウスをツールバーの
 のところへもってゆき，
クリックします．
すると，マウスのカーソルが
次のポインタ

になるので……

手順 ④

このポインタを画面上に
もってゆき，適当にカチッと
したままで，マウスをすこし
引っぱってみてください．
右のような長方形ができます．

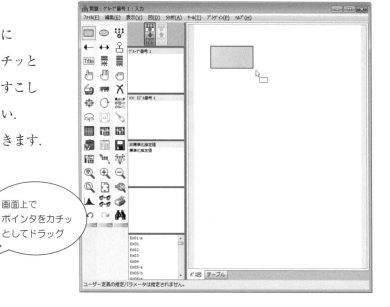

画面上で
ポインタをカチッ
としてドラッグ

手順 ⑤

変数が3個あるので，
同じようにしてみましょう．

□ を消去したいときは
□ の上を右クリック
すると
消去 があるから……

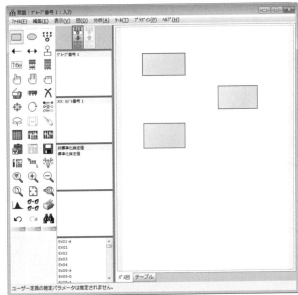

手順 ⑥

次に，3つの □ の中に
変数名を入れます．
ツールバーの 🔲 を
クリックすると，次のように，
変数名が現れます．

変数名が現れないときは
ファイル(F)
　⇒ **データファイル(D)**
　⇒ **ファイル名(N)**
でSPSSデータファイルを選択！

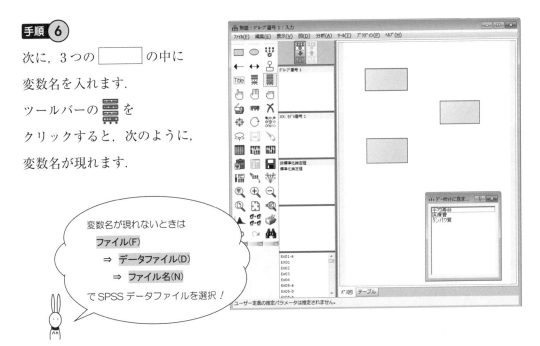

15.2 パス解析のための手順　237

手順 7

そこで，医療費をクリックしたまま，パス図の左上の □ までドラッグします．すると，右の画面のように変数名が移動します．残りの2つの変数も，同じようにして移動．

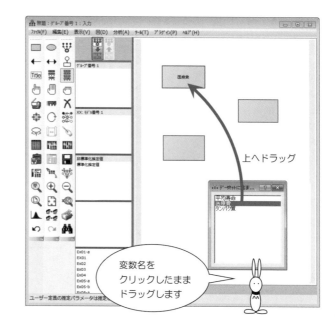

手順 8

次に，矢印（＝パス）を書き込みます．ここでは，一方向のパスの ← をクリック．続いて，医療費をクリックしてそのまま平均寿命まで引っぱると，右のように矢印が引けます．同じようにして，タンパク質からも平均寿命へ矢印を．

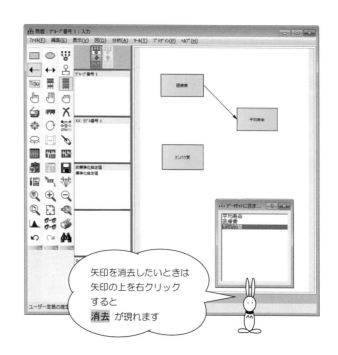

238　第15章　パス解析

手順 ⑨ 画面の中が次のようになったら，ツールバーの ▦ をクリックして，計算開始!! 2つのパス係数 b_1, b_2 はうまく求まるでしょうか？

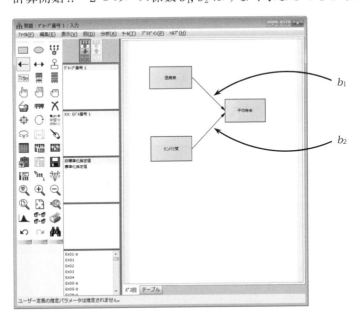

手順 ⑩ ところが？ ナント，警告が出てしまった！ 警告の意味は？

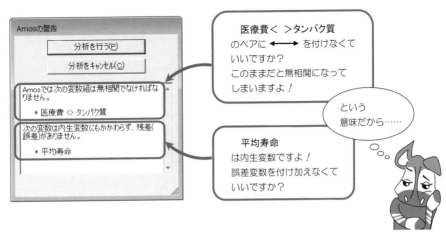

15.2 パス解析のための手順　239

手順⑪

そこで，まずツールバーの
↔ をクリック．
次にタンパクをクリック
したまま，医療費まで
引っぱると，双方向の矢印が
できます．

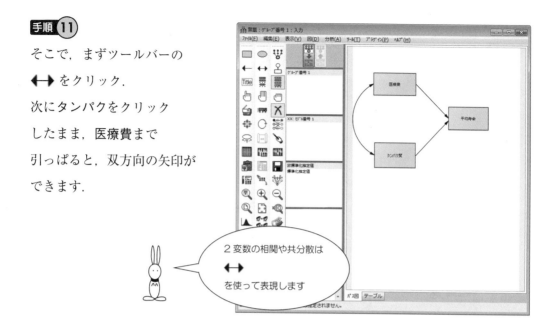

２変数の相関や共分散は
↔
を使って表現します

手順⑫

さらにツールバーの
🯅 をクリック．
次に，平均寿命をクリック
すると右のようになるので
🎹 をクリックして
再度，計算開始!!

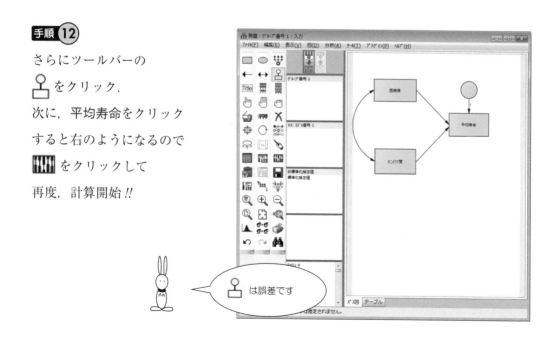

🯅 は誤差です

240　第15章　パス解析

手順 13 ？？？ またしても，失敗!!

そこで，誤差変数の ◯ の中に名前を入れます．

まず， OK をクリックして，このダイアログボックスを閉じます．

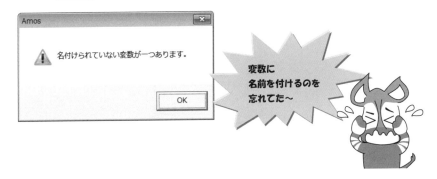

手順 14 ◯ 上をダブルクリック．すると

オブジェクトのプロパティ画面が現れます．

そして， テキスト タブの 変数名(N) の中へ e と入力．

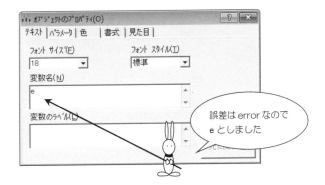

15.2 パス解析のための手順

手順15

手順14の画面を閉じて右のようになったら再再度 ⚙ をクリック．計算を開始しよう‼

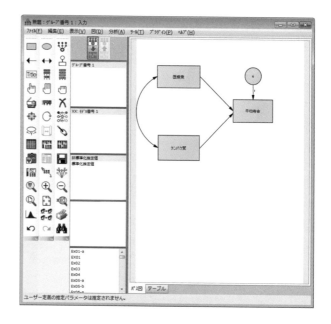

手順16 ファイル名をたずねてくるので wine と入力し，保存(S) ボタンを．手順15の画面にもどるので ⚙ をクリックすると……．

242　第15章　パス解析

手順 17 テキスト出力の画面になるので，推定値をクリックします．

15.2 パス解析のための手順　243

【Amos による出力】　──パス解析──

最尤(ML)推定値　　　← ①

係数：(グループ番号 1 - モデル番号 1)

	推定値	標準誤差	検定統計量	確率	ラベル
平均寿命 <--- 医療費	2.077	.623	3.332	***	
平均寿命 <--- タンパク質	.304	.148	2.056	.040	

↑　　　　　　↑
②　　　　　　③

共分散：(グループ番号 1 - モデル番号 1)

	推定値	標準誤差	検定統計量	確率	ラベル
医療費 <--> タンパク質	4.103	2.883	1.423	.155	

分散：(グループ番号 1 - モデル番号 1)

	推定値	標準誤差	検定統計量	確率	ラベル
医療費	1.181	.747	1.581	.114	
タンパク質	20.942	13.245	1.581	.114	
e	.733	.463	1.581	.114	

最尤法については
『入門はじめての
　統計的推定と最尤法』
参照してください

【出力結果の読み取り方】

←① この計算は最尤法を使っていることがわかります.

最尤法と重回帰分析の最小2乗法とでは,
平均値は一致しますが, 分散や標準偏差の値は少し異なります.

←② 推定値のところに, 知りたいパラメータの値 b_1, b_2 が出力されます.

$$b_1 = 2.077 \qquad b_2 = 0.304$$

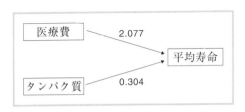

図 15.3 パス図とパス係数

←③ 検定統計量のところは

仮説 H_0:パラメータの値は0である

の検定をしています.

この検定統計量が1.96以上だと仮説 H_0 が棄てられます.

仮説 H_0 が棄てられると, パス係数が0ではないので,
そこには意味のある関係が存在していることになります.

たとえば, パラメータ b_2 は

$$\frac{0.304}{0.148} = 2.056 \geq 1.96$$

← $z(0.025) = 1.96$

なので, 仮説 H_0 が棄てられ, タンパク質摂取量は平均寿命に影響を
与えていることがわかります.

【標準化したパラメータの出力方法】

ところで，標準化したパス係数を求めたいときには？

まず，ツールバーの ▦ をクリックすると次のような画面が現れるので 出力 タブの 標準化推定値(T) をチェック．

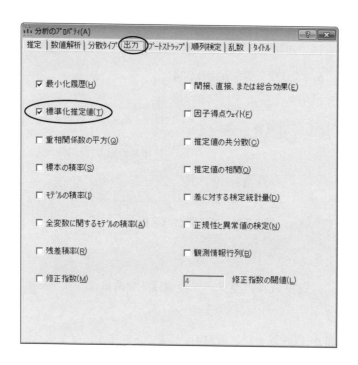

画面を閉じたら ▦ で計算開始！
▦ をクリックすると……

標準化したパス係数が出力されます．

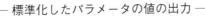

標準化したパラメータの値の出力

標準化係数：(ｸﾞﾙｰﾌﾟ番号 1 － ﾓﾃﾞﾙ番号 1)

	推定値
平均寿命 <--- 医療費	.627
平均寿命 <--- タンパク質	.387

パス解析のポイントは，標準化したパス係数と相関係数との間の関係です．

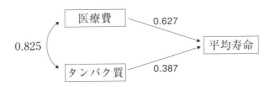

たとえば，……

平均寿命と医療費の相関係数 0.946 と標準偏回帰係数 0.627 の間には，次の等号が成り立っています．

$$0.946 = 0.627 + 0.387 \times 0.825$$

　　　↑　　　　　↑　　　　↑
　　相関係数　　直接効果　間接効果

15.2 パス解析のための手順

【GFI や AIC を画面上へ出力する方法】

ツールバーの Title をクリックします.

次に画面のワクのあいているところを，適当にクリック．すると，図のキャプションの画面になるので，ワクの中に，下のように入力します．

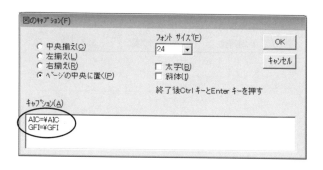

あとは OK ボタンを押すと次の画面が現れます．そして……

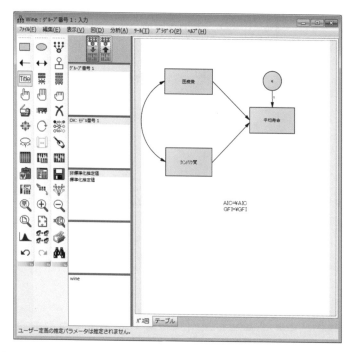

248　第 15 章　パス解析

【パス図の上にパラメータ値を描かせる方法】

とりあえず，一度 をクリックして，計算をしておきます．

画面の左まん中のところが

　　　OK：モデル番号1

になっていることを確認してから，の右側をクリック．

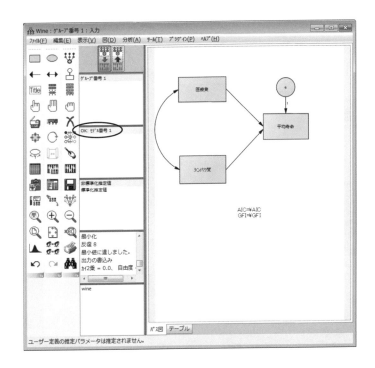

すると，画面上に p.250 の図が現れます．

このモデルは
飽和モデルなので
GFIはいつも1
になります

【標準化していないパラメータの場合】

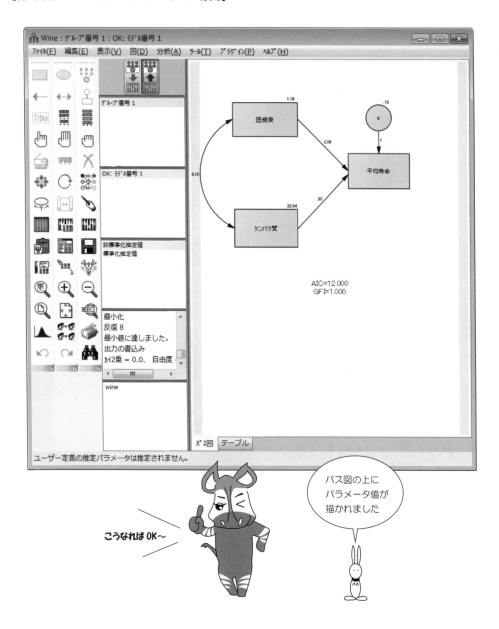

250　第15章　パス解析

【標準化したパラメータの場合】

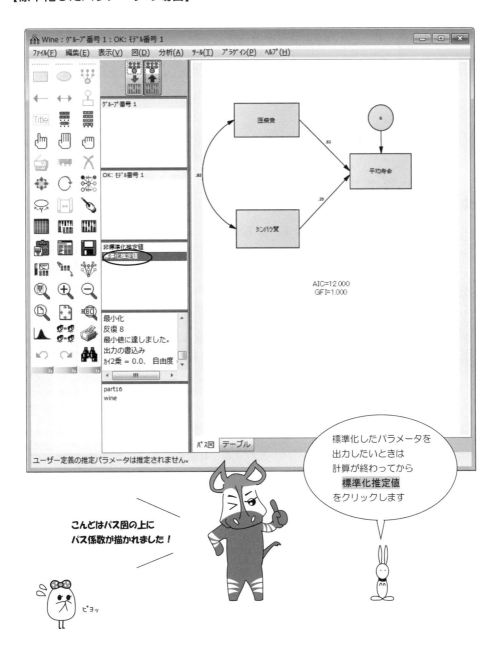

15.2 パス解析のための手順　251

第16章 共分散構造分析

16.1 はじめに

Amos という統計解析用ソフトを使うと，だれでも驚くほど簡単に，共分散構造分析をすることができます．

次のデータは，医療に関する意識調査の結果です．

> **分析したいことは？**
>
> ⊙ ストレス，健康行動，健康習慣，……，生活環境，医療機関といった多くの要因の間に潜む因果関係を探り出す．

表16.1 生涯生活の質の向上をめざして

No.	ストレス	健康行動	健康習慣	社会支援	健康度	生活環境	医療機関
1	3	0	5	4	3	2	3
2	3	0	1	2	3	2	2
3	3	1	5	8	3	3	3
4	3	2	7	7	3	2	3
5	2	1	5	8	2	2	4
6	7	1	2	2	4	5	2
7	4	1	3	3	3	3	3
⋮	⋮	⋮	⋮	⋮	⋮	⋮	⋮
346	5	1	5	5	2	2	2
347	5	1	4	7	2	2	3

【データ入力の型】

表 16.1 のデータは，次のように入力します．

	ストレス	健康行動	健康習慣	社会支援	健康度	生活環境	医療機関	var
1	3	0	5	4	3	2	3	
2	3	0	1	2	3	2	2	
3	3	1	5	8	3	3	3	
4	3	2	7	7	3	2	3	
5	2	1	5	8	2	2	4	
6	7	1	2	2	4	5	2	
7	4	1	3	3	3	3	3	
8	1	3	6	8	2	3	2	
9	5	4	5	6	3	3	3	
10	3	1	5	3	3	3	3	
11	5	1	4	7	5	3	3	
12	6	1	2	7	3	4	3	
13	4	0	0	2	3	3	3	
14	5	0	0	0	3	3	2	
15	7	2	3	4	4	4	3	
16	3	0	1	8	3	3	3	
17	0	1	3	8	3	3	3	
18	4	0	5	6	3	3	2	
19	5	1	7	6	4	4	3	
20	3	1	5	0	3	3	3	
21	3	1	6	8	3	2	3	
22	1	1	3	3	1	3	3	
23	5	0	0		5		5	
⋮								
342	6	1	4	2	4	4	3	
343	2	0	0	7	3	3	3	
344	3	0	0	8	3	3	2	
345	6	2	3	8	4	4	4	
346	5	1	5	5	2	2	2	
347	5	1	4	7	2	2	3	
348								

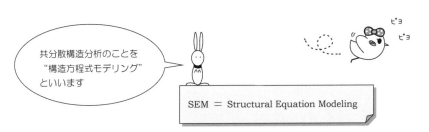

16.2 共分散構造分析のための手順

共分散構造分析は，パス解析と同じように，

"自分でモデルを作る"

ところから始まります．

たとえば，次のように……

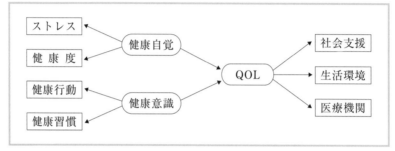

図 16.1　モデルは Do it yourself!!

　観測変数　……　データとして，はじめから与えられている変数

　潜在変数　……　はじめから与えられている変数ではないので，

　　　　　　　　因子分析のように，自分でこの名前を考えよう!!

このパス図が作成できたら，さっそく，Amos をたちあげてみましょう．

ところで，この潜在変数は，因子分析を応用して，次のように名前を付けます．

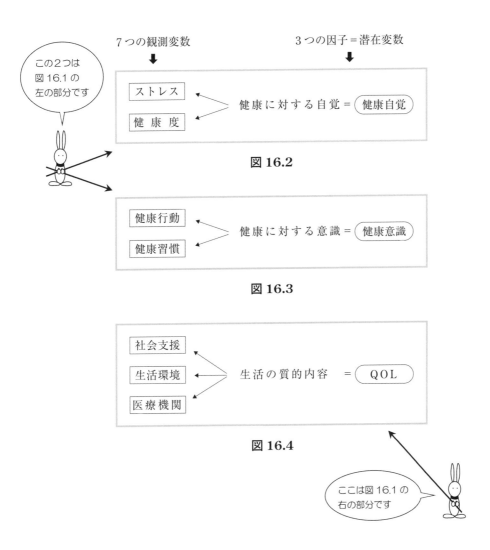

図 16.2

図 16.3

図 16.4

【統計処理の手順】

手順 1 データを入力したら，分析(A) ⇨ IBM SPSS Amos(A) を選びます．

手順 2 次の画面にパス図を描きます．

パス図の描き方は第15章を参考にしてください

256 第16章 共分散構造分析

手順 3 まずはじめに，▭ を使って，観測変数のための長方形 7 個を次のように配置します．このとき，コピー 📠 を利用すると，残りの 6 個を簡単に配置できます．

☞ p.236

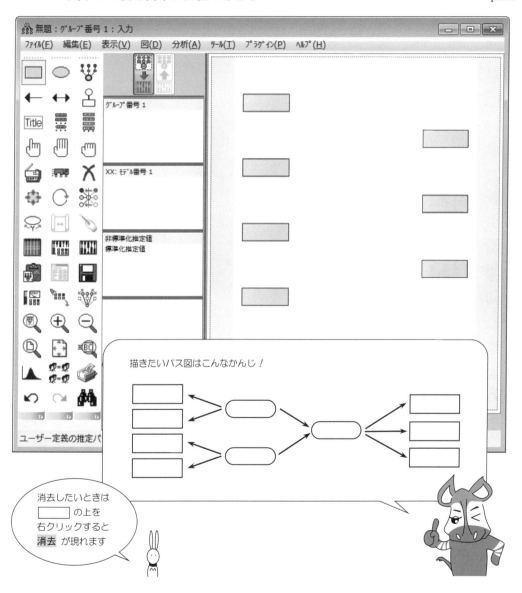

16.2 共分散構造分析のための手順

手順 4 次に，◯ を使って，潜在変数のための楕円を3個，次のように配置します．

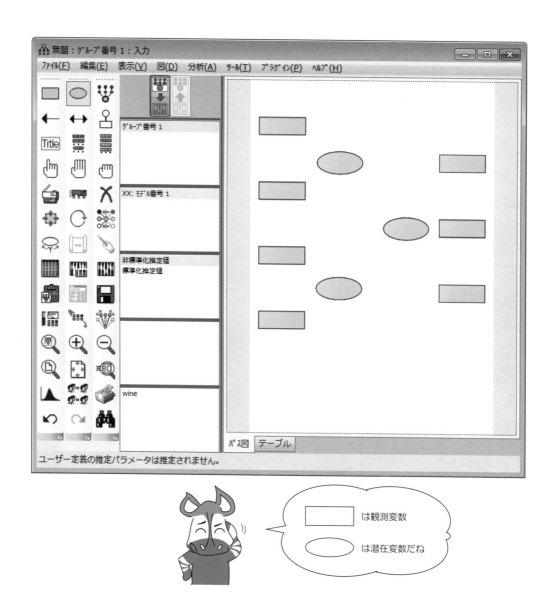

258　第16章　共分散構造分析

手順 5 p.254 のパス図を見ながら，矢印を入れます．

まず，一方向の矢印 ← を使います．

矢印の方向をまちがえないようにしましょう！

☞ p.238

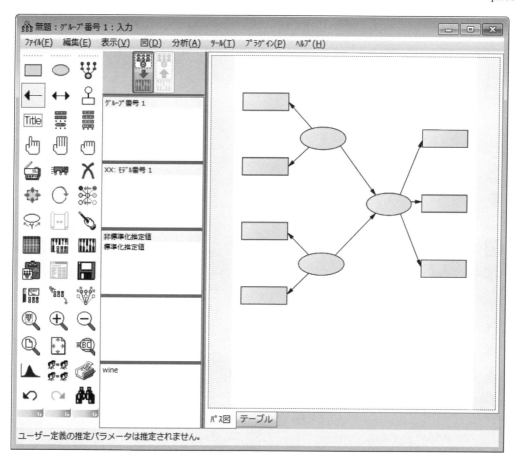

16.2 共分散構造分析のための手順

手順 6 次に，共分散のための双方向の矢印を入れます．

↔ を使って，上の楕円から下の楕円へマウスを引っぱると，下の図のようになります．

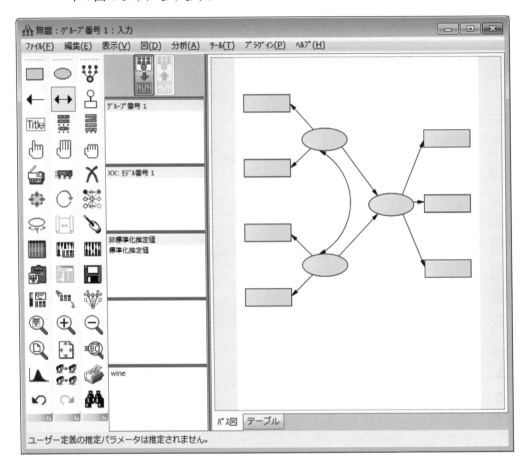

下の楕円から上の楕円へマウスを引っぱると反対側にふくらんだ曲線になります

手順 ⑦ 誤差変数も必要なので，🕹 をクリックして，次のようにします．

☞ p.240, p.241

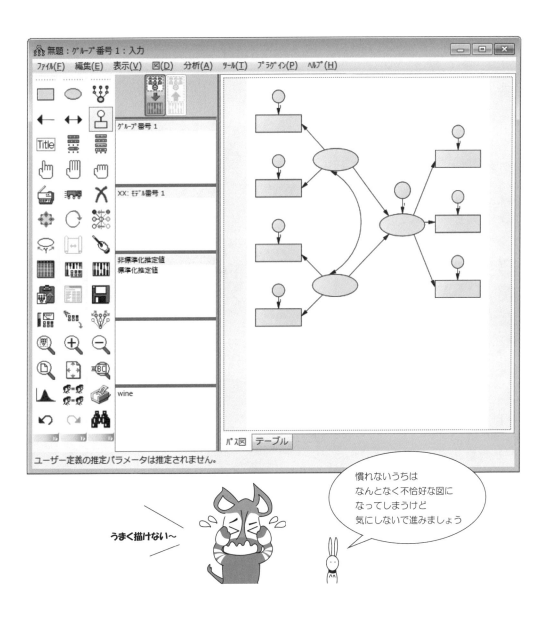

うまく描けない〜

慣れないうちは
なんとなく不恰好な図に
なってしまうけど
気にしないで進みましょう

16.2 共分散構造分析のための手順

手順 8 観測変数の長方形 ☐ の中に，変数名を入れます．
🖳 をクリックすると，変数名が現れるので，それぞれの変数名を
クリックしたまま ☐ の中まで，ドラッグします． ☞ p.237, p.238

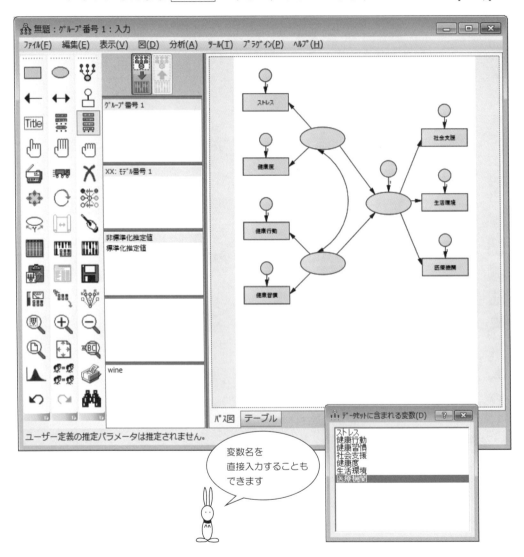

変数名を
直接入力することも
できます

262 第 16 章 共分散構造分析

手順 9 潜在変数の楕円〔　　　〕に，変数名を入れます．

〔　　　〕の上をダブルクリックすると，オブジェクトのプロパティが現れるので，変数名を入力します．

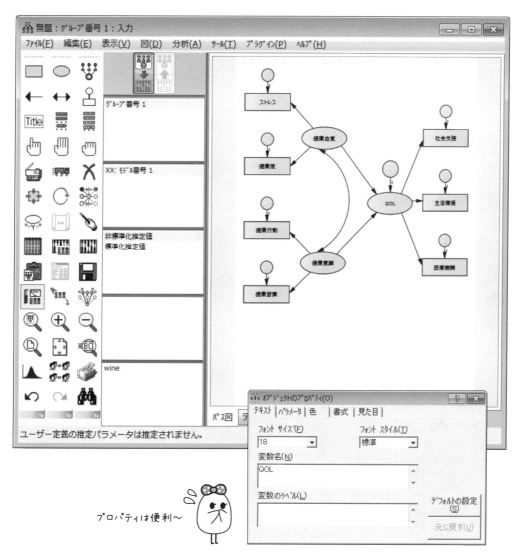

プロパティは便利〜

16.2 共分散構造分析のための手順

手順⑩ 誤差変数の ◯ の中に，変数を入れます．◯ の上をダブルクリック．
オブジェクトのプロパティが現れたら，変数名を入れます．
誤差なので，変数名は次のように，e1, e2, …, e8 とします．

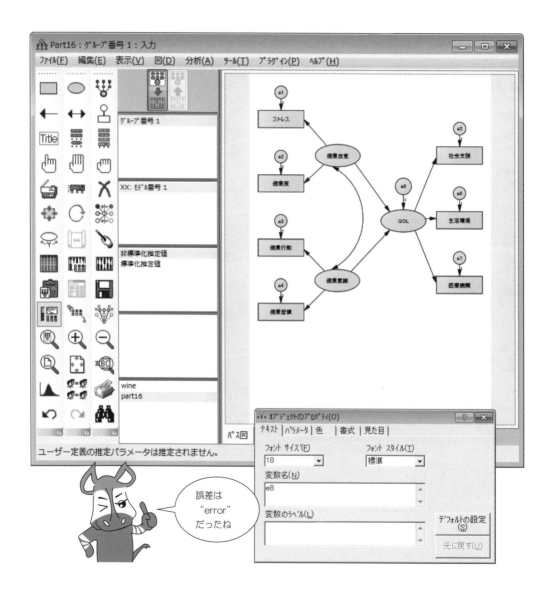

264 第 16 章 共分散構造分析

手順 11 健康自覚 → ストレス，健康意識 → 健康行動，QOL → 社会支援 の矢印の上に，それぞれ1を入れると完成!! たとえば，QOL と 社会支援 の矢印の上をダブルクリック．オブジェクトのプロパティが現れたら，係数のところへ1と入力します．

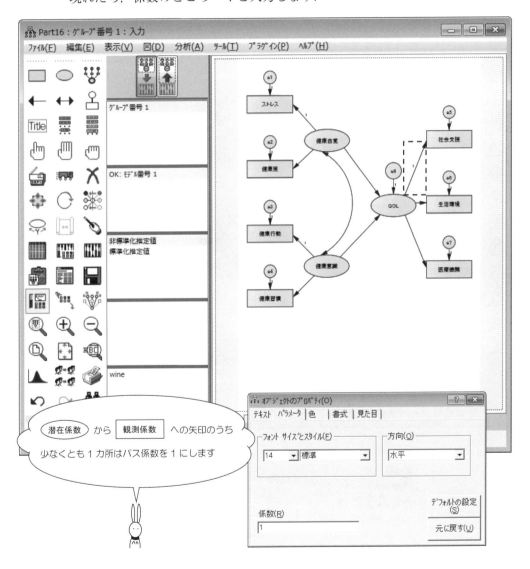

潜在係数 から 観測係数 への矢印のうち少なくとも1カ所はパス係数を1にします

16.2 共分散構造分析のための手順

手順12 ![icon]をクリックすると保存画面になるので，名前を付けて保存しておきます．
ファイルの保存が終わると，計算が始まります．
OK：モデル番号1 となると計算が正常に終了したことになります．

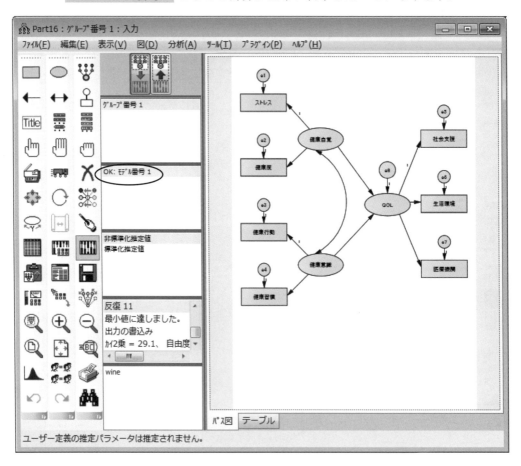

パス図の上にパス係数を描く方法は15章で〜す

手順 13 ![icon] をクリックすると，次のような画面になるので，
推定値をクリックします．

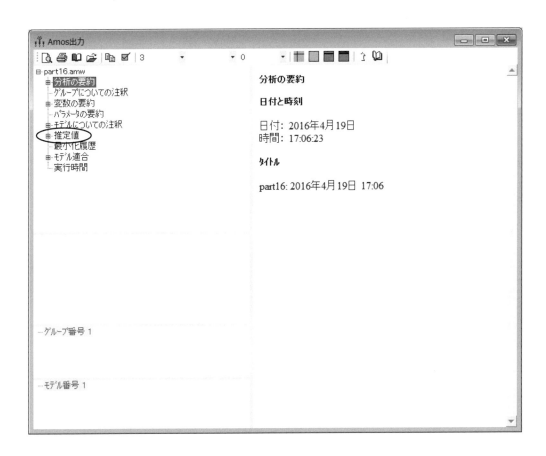

16.2 共分散構造分析のための手順

【Amosによる出力・その1】 ――共分散構造分析――

最尤(ML)推定値　← ①

係数：(グループ番号 1 - モデル番号 1)

			推定値	標準誤差	検定統計量	確率	ラベル
QOL	<---	健康自覚	-.336	.133	-2.533	.011	
QOL	<---	健康意識	.879	.446	1.973	.049	
ストレス	<---	健康自覚	1.000				
健康度	<---	健康自覚	.453	.091	4.958	***	
社会支援	<---	QOL	1.000				
医療機関	<---	QOL	-.197	.076	-2.598	.009	
健康行動	<---	健康意識	1.000				
健康習慣	<---	健康意識	2.839	1.042	2.724	.006	
生活環境	<---	QOL	-.409	.113	-3.623	***	

← ②

標準化係数：(グループ番号 1 - モデル番号 1)

			推定値
QOL	<---	健康自覚	-.587
QOL	<---	健康意識	.533
ストレス	<---	健康自覚	.667
健康度	<---	健康自覚	.617
社会支援	<---	QOL	.336
医療機関	<---	QOL	-.210
健康行動	<---	健康意識	.334
健康習慣	<---	健康意識	.582
生活環境	<---	QOL	-.362

 ③

標準化係数の出力のしかたはp.246を参考にしてください

共分散：(グループ番号 1 - モデル番号 1)

			推定値	標準誤差	検定統計量	確率	ラベル
健康自覚	<-->	健康意識	-.201	.080	-2.511	.012	

相関係数：(グループ番号 1 - モデル番号 1)

			推定値
健康自覚	<-->	健康意識	-.455

【出力結果の読み取り方・その1】

←① 最尤法でパラメータを求めています．

←② パス係数の推定値，標準誤差，検定統計量．

$$検定統計量 = \frac{推定値}{標準誤差}$$

検定統計量の値が 1.96 より大きいときは，そのパス係数は意味があります．
たとえば

$$|-2.533| = \left|\frac{-0.336}{0.133}\right| \geq 1.96 = z(0.025)$$

なので，次の仮説

仮説 H_0：QOL と健康自覚のパス係数は 0 である

は棄却されます．よって，このパス係数は 0 ではないことがわかります．

（有意確率≦0.05 と同じ意味です）

←③ 標準化されたパス係数．この値の絶対値の大小や，
プラス・マイナスを見ながら，因果関係を読み取ります．

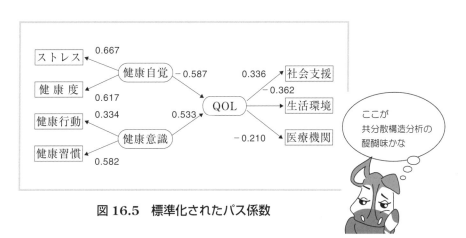

図 16.5　標準化されたパス係数

【Amos による出力・その2】 ——共分散構造分析——

モデル適合の要約

CMIN

モデル	NPAR	CMIN	自由度	確率	CMIN/DF
モデル番号 1	17	29.099	11	.002	2.645
飽和モデル	28	.000	0		
独立モデル	7	181.075	21	.000	8.623

← ④

RMR, GFI

モデル	RMR	GFI	AGFI	PGFI
モデル番号 1	.056	.977	.941	.384
飽和モデル	.000	1.000		
独立モデル	.277	.849	.799	.637

← ⑤

17 + 11 = 28
28 + 0 = 28
7 + 21 = 28

DF : degree of freedom
＝ 自由度

parsimony
＝ けち，節約

【出力結果の読み取り方・その2】

←④ 飽和モデルとは perfect fitting モデルのこと．

これは"良いモデル"の意味ではなく，

推定パラメータの個数を最も多くしたときのモデルのこと．

独立モデルとは terrible fitting モデルのことで，推定パラメータの個数を最も少なくしてみたときのモデルのこと．

つまり，飽和モデルや独立モデルは，その中間に入るモデル番号1と比較するために用意された極端なモデルのことです．

CMIN は不一致の値のこと．飽和モデルは完全に一致しているので CMIN は 0.000 になります．

CMIN/DF

$$2.645 = \frac{29.099}{11} \qquad 8.623 = \frac{181.075}{21}$$

←⑤ RMR = <u>r</u>oot <u>m</u>ean square <u>r</u>esidual．RMR が 0 に近いほど，そのモデルのあてはまりは良いことになります．

GFI = <u>g</u>oodness-of-<u>f</u>it <u>i</u>ndex = 適合度指数．GFI が 1 に近いほど，そのモデルのあてはまりは良いことになります．

AGFI = <u>a</u>djusted <u>g</u>oodness-of-<u>f</u>it <u>i</u>ndex = 調整済み適合度指数．

$$0.941 = 1 - (1 - 0.977) \times \frac{28}{11}$$

PGFI = <u>p</u>arsimony <u>g</u>oodness-of-<u>f</u>it <u>i</u>ndex．

$$0.384 = 0.977 \times \frac{11}{28}$$

28 …… 飽和モデルのパラメータの数
11 …… モデル番号1の自由度

【Amos による出力・その3】 ──共分散構造分析──

基準比較

モデル	NFI Delta1	RFI rho1	IFI Delta2	TLI rho2	CFI
モデル番号 1	.839	.693	.894	.784	.887
飽和モデル	1.000		1.000		1.000
独立モデル	.000	.000	.000	.000	.000

← ⑥

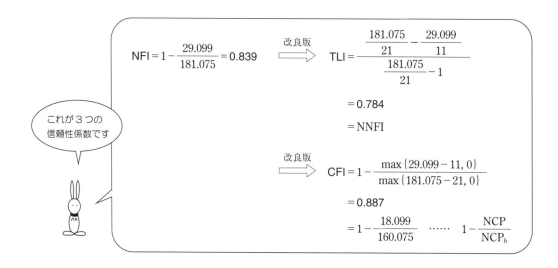

$$NFI = 1 - \frac{29.099}{181.075} = 0.839$$

改良版 ⇒

$$TLI = \frac{\frac{181.075}{21} - \frac{29.099}{11}}{\frac{181.075}{21} - 1}$$

$$= 0.784$$

$$= NNFI$$

改良版 ⇒

$$CFI = 1 - \frac{\max\{29.099 - 11, 0\}}{\max\{181.075 - 21, 0\}}$$

$$= 0.887$$

$$= 1 - \frac{18.099}{160.075} \quad \cdots\cdots \quad 1 - \frac{NCP}{NCP_b}$$

これが3つの信頼性係数です

【出力結果の読み取り方・その3】

← ⑥　NFI = normed fit index.

　　飽和モデルのあてはまりの良さを 100％,

　　独立モデルのあてはまりの良さを 0％としたとき,

　　モデル番号1のあてはまりの良さが 83.9％という意味です.

$$0.839 = \frac{181.075 - 29.099}{181.075}$$

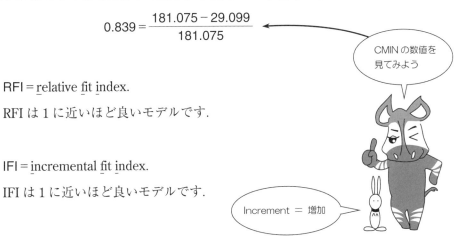

　RFI = relative fit index.

　RFI は 1 に近いほど良いモデルです.

　IFI = incremental fit index.

　IFI は 1 に近いほど良いモデルです.

　TLI = Tucker-Lewis index = non-normed fit index = NNFI.

　TLI が 1 に近いほど良いモデルです.

　モデルの信頼性係数のことです.

　CFI = comparative fit index.

　CFI は 1 に近いほど良いモデルです.

【Amos による出力・その4】 ——共分散構造分析——

倹約性修正済み測度

モデル	PRATIO	PNFI	PCFI
モデル番号 1	.524	.440	.465
飽和モデル	.000	.000	.000
独立モデル	1.000	.000	.000

← ⑦

【出力結果の読み取り方・その4】

← ⑦　PRATIO = parsimony ratio.

　　　PRATIO は PNFI や PCFI の計算のときに使われます．

$$0.524 = \frac{11}{21}$$

11 …… モデル番号1の自由度
21 …… 独立モデルの自由度

PNFI = parsimony NFI.

　　　PNFI = NFI × PRATIO

　　　0.440 = 0.839 × 0.524

PCFI = parsimony CFI.

　　　PCFI = CFI × PRATIO

　　　0.465 = 0.887 × 0.524

【Amosによる出力・その5】 ——共分散構造分析——

NCP

モデル	NCP	LO 90	HI 90
モデル番号 1	18.099	5.793	38.054
飽和モデル	.000	.000	.000
独立モデル	160.075	120.786	206.840

← ⑧

FMIN

モデル	FMIN	F0	LO 90	HI 90
モデル番号 1	.084	.052	.017	.110
飽和モデル	.000	.000	.000	.000
独立モデル	.523	.463	.349	.598

← ⑨

RMSEA

モデル	RMSEA	LO 90	HI 90	PCLOSE
モデル番号 1	.069	.039	.100	.136
独立モデル	.148	.129	.169	.000

← ⑩

このRMSEAは
モデルの適合度を見るときに
論文でよく利用されています

論文でよく利用されていま～す

276　第16章　共分散構造分析

【出力結果の読み取り方・その5】

← ⑧　NCP = noncentrality parameter = 非心度パラメータ．

$$18.099 = 29.099 - 11$$
$$0.000 = 0.000 - 0$$
$$160.075 = 181.075 - 21$$

LO 90 = lower limit of 90％信頼区間．

HI 90 = upper limit of 90％信頼区間．

← ⑨　FMIN = minimum of the discrepancy F．

$$F0 = \frac{NCP}{n}$$

$$0.052 = \frac{18.099}{347 - 1}$$

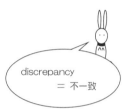

discrepancy
＝ 不一致

← ⑩　RMSEA = root mean square error of approximation．

　　RMSEAが0.05より小さいとき，そのモデルは良くあてはまっています．

　　"RMSEAが0.1より大きいときは，そのモデルを採用しない方がよい"
と考えられています．

　　RMSEA = 0.069なので，モデル番号1のあてはまりは悪くありません．

　　PCLOSEは，次の仮説

$$\text{仮説 } H_0 : RMSEA \leq 0.05$$

の有意確率（= p 値）です．

　　モデル番号1のPCLOSEは

　　　　　有意確率 0.136 ＞ 有意水準 $\alpha = 0.05$

なので，仮説 H_0 は棄てられません．

【Amos による出力・その6】 ——共分散構造分析——

AIC

モデル	AIC	BCC	BIC	CAIC
モデル番号 1	63.099	63.904	128.538	145.538
飽和モデル	56.000	57.325	163.781	191.781
独立モデル	195.075	195.407	222.020	229.020

← ⑪

ECVI

モデル	ECVI	LO 90	HI 90	MECVI
モデル番号 1	.182	.147	.240	.185
飽和モデル	.162	.162	.162	.166
独立モデル	.564	.450	.699	.565

← ⑫

HOELTER

モデル	HOELTER .05	HOELTER .01
モデル番号 1	234	294
独立モデル	63	75

← ⑬

いくつかのモデルを比較したいときAICの小さい方のモデルが良いモデルです

 > Smaller is better !

【出力結果の読み取り方・その6】

←⑪　AIC = Akaike's information criterion = 赤池情報量規準.
　　　AIC の小さいモデルが良いモデルです.

　　　BCC = Browne-Cudeck criterion.
　　　BCC は AIC より少し大きい値をとります.

　　　BIC = Bayes information criterion.

　　　CAIC = consistent AIC.

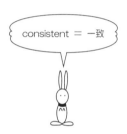

←⑫　ECVI = $\dfrac{\text{AIC}}{n}$

　　　　　$0.182 = \dfrac{63.099}{347-1}$

　　　MECVI = $\dfrac{\text{BCC}}{n}$

　　　　　$0.185 = \dfrac{63.904}{347-1}$

←⑬　HOELTER = Hoelter's critical N
　　　　　　 = モデルが正しいという仮説を採択する最大サンプル数 N.

　　　0.05 = 有意水準 5% のときは，モデル番号 1 では N = 234
　　　0.01 = 有意水準 1% のときは，モデル番号 1 では N = 294

【Amosによる出力・その7】 ──共分散構造分析──

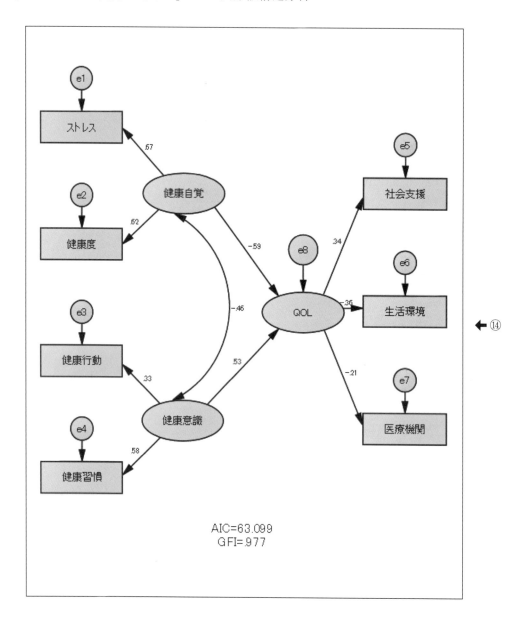

⑭

【出力結果の読み取り方・その 7】

←⑭　共分散構造分析のパス係数を，パス図の上に表現してみると……

　Amos の正式名称は IBM SPSS Amos といいます．
　Amos は構造方程式モデリング（SEM），または，共分散構造分析や因子モデリングと呼ばれる一般的なデータ分析手法を備えています．

● Amos に備わっている主な手法

- ・最尤法
- ・重み付けのない最小 2 乗法
- ・Browne の漸近的分布非依存法
- ・尺度不変最小 2 乗法
- ・ベイジアン推定
- ・複数の母集団のデータの同時分析
- ・回帰方程式における
　　平均値と切片項の推定
- ・標準誤差の推定値を取得するための
　　ブートストラップ
- ・探索的モデル特定化
- ・欠損値の代入
- ・打ち切りデータの分析
- ・順序・カテゴリカルデータの分析
- ・混在モデル

　なお，これらの手法には特別なケースとして，一般線型モデルや共通因子分析など広く使われている従来の方法も含まれています．

参 考 文 献

［1］『入門はじめての統計解析』石村貞夫著，2006 年
［2］『入門はじめての多変量解析』石村貞夫・石村光資郎著，2007 年
［3］『入門はじめての分散分析と多重比較』石村貞夫・石村光資郎著，2008 年
［4］『入門はじめての統計的推定と最尤法』石村貞夫・劉晨・石村光資郎著，2010 年
［5］『すぐわかる統計処理の選び方』石村貞夫・石村光資郎著，2010 年
［6］『すぐわかる統計用語の基礎知識』石村貞夫・D. アレン・劉晨著，2016 年
［7］『SPSS でやさしく学ぶ統計解析（第 6 版）』石村貞夫・石村友二郎著，2017 年
［8］『SPSS でやさしく学ぶ多変量解析（第 5 版）』石村貞夫・劉晨・石村光資郎著，2015 年
［9］『SPSS による統計処理の手順（第 8 版）』石村貞夫・石村光資郎著，2018 年
［10］『SPSS による分散分析と多重比較の手順（第 5 版）』石村貞夫・石村光資郎著，2015 年
［11］『SPSS Base for Windows User's Guide』　　（SPSS Inc.）
［12］『SPSS Advanced Statistics』　　（SPSS Inc.）
［13］『SPSS Professional Statistics』　　（SPSS Inc.）
［14］『SPSS Statistical Algorithms』　　（SPSS Inc.）
［15］『SPSS Categories』　　（SPSS Inc.）
［16］『Amos User's Guide』　　（SPSS Inc.）

索　引

英　字

AGFI	271
AIC	248, 279
Amos	232
B	15
Bartlettの球面性検定	151, 163
BCC	279
BIC	279
CAIC	279
CFI	273
CHAID	118
CMIN	271
Cook(K)	11
Cookの統計量(C)	49
Cox-Snell	53
Dimension	207
ECVI	279
Exp(B)	55
Fisherの分類関数の係数(F)	174
FMIN	277
GFI	248, 271
HOELTER	279
Hosmer-Lemeshowの適合度	50
HosmerとLemeshowの適合度検定	53
IFI	273
Kaiser-Meyer-Olkinの妥当性	163
KMO	151
KMOおよびBartlettの検定	150
KMOとBartlettの球面性検定(K)	149, 161
Kruskalのストレス	205
MECVI	279
Nagelkerke	53
NCP	272, 277
NFI	273
NNFI	272
PCFI	275
PCLOSE	277
perfect fittingモデル	271
PGFI	271
PNFI	275
PRATIO	275
PRED	91
Probit	59
R	13
R2乗	13, 89
RFI	273
RMR	271
RMSEA	277
RSQ	205
S-stress	205
Stress	205
terrible fittingモデル	271
TLI	273
VIF	15
Wald統計量	55
Ward法	190
Wilksのラムダ	176
Z	69

283

ア 行

アーキテクチャ	35
アンケート調査の多次元尺度データ	198
一般的(G)	94
移動（Amos）	235
因子行列	154
因子相関行列	169
因子抽出(E)	129, 145
因子抽出後の共通性	151
因子抽出法	146
因子得点係数行列を表示(D)	130
因子負荷	151, 155, 167
因子負荷プロット(L)	130, 147, 159
因子負荷量	154
因子プロット	156
因子分析	142
因子分析(F)	128, 144
因子変換行列	154
ウィルクスのΛ	177
応答度数変数(S)	65
オッズ	101, 111
オッズ比	55, 101
重み付け	93, 105
親ノード(P)	118

カ 行

回帰(R)	8, 46, 64, 80
カイザー・マイヤー・オルキンの妥当性の定義	162
階層型ニューラルネットワーク	26
階層クラスタ(H)	188
回転(T)	130, 147, 159
回転後の因子行列	154
確率(P)	49
確率を予測したい	44
隠れ層	27
カテゴリ(G)	48
カテゴリカルデータ	4
カテゴリ共変量(T)	48
関数と特殊変数(F)	84
間接効果	247
完全型コンジョイント分析	228
観測変数	143, 168, 235, 254
記述統計(D)	149, 161
基準	202
強制投入法	23
共線性	5
共線性の診断	16
共線性の診断(L)	10
共通性	132, 150
共分散	150
共分散構造分析	252
共分散比	21
共分散比(V)	11
共変量(C)	47, 66
曲線推定	76
曲線推定(C)	77
曲線推定の回帰式	91
許容度	15
距離行列	197, 201
クックの距離	21, 57
クラスタ化の方法(M)	190
クラスタ凝集経過工程(A)	189
クラスター分析	172, 186
グループ化変数(G)	173
グループプロット(G)	202
計画行列	101

計画行列(G)	96, 107	事前確率	179
警告（Amos）	239	シナプスの重み(S)	36
係数	14	シミュレーションカード	213
ケースごとの結果(E)	175	尺度(A)	200
ケースの重み付け(W)	93, 105	尺度レベル	202
ケースの並べ替え(O)	139	斜交回転	159
ケースのラベル(C)	191	主因子法	144, 146, 155
結果	3	重回帰式	15
決定木	112, 114	重回帰分析	2
決定係数	13, 89, 205	重回帰モデル	3, 19
原因	3	集計表(U)	175
限界効果	59	重相関係数	13
効果サイズ	13, 54, 102	従属変数	3
交互作用	47	従属変数(D)	9
交差検証	119	従属変数ごとの予測値または予測カテゴリを保存(S)	37
構造行列	169, 176		
構造方程式モデリング	253	自由度調整済み決定係数	13
誤差	19	重要度	223, 227
誤差変数（Amos）	235	主成分得点	139
子ノード(H)	118	主成分得点係数行列	136
コピー（Amos）	235	主成分の意味	135
固有値	17, 133, 165, 176	主成分の読み取り方	140
固有ベクトル	135	主成分分析	126
コンジョイント分析	212	出力層	27
コンジョイント分析用カード	213	消去（Amos）	235
		条件指数	17

サ 行

		条件付確率	179
サイズによる並び替え(S)	131, 148, 160	初期値	76
最尤法	44, 158, 245, 269	初期値(S)	81
作図(T)	10	初期の共通性	151
しきい値	28	所属グループ(G)	49
シグモイド関数	30	所属グループの事後確率(R)	175
次元分解(D)	128, 144	シンタックス	220
事後確率	179, 183	シンタックス(S)	220

索 引　285

シンタックス・コマンド	221
信頼区間	89
信頼性係数	272
推定値(E)	96, 107
スクリープロット	153, 157, 164
スクリープロット(S)	146, 158
ステップワイズ法	23
正規確率プロット(R)	10
正規直線	19
正規 P-P プロット	18
正準判別関数	176
正準判別関数係数	178
正答率	55, 183
成分行列	134
成分プロット	136
線型(L)	8
線型判別関数	177, 179
全効用スコア	223
潜在変数	143, 168, 235, 254
選択型コンジョイント分析	228
相関行列	133, 150, 162
相関行列(R)	129
相関係数	247
総観測度数変数(T)	65
属性	212

タ 行

大規模ファイルのクラスタ(K)	188
対数オッズ	101, 111
対数オッズ比	101
対数線型(O)	94, 106
対数線型分析	92
対数線型モデル	92, 99, 109
対数変換	61
対数尤度	53
多次元尺度法	196
多次元尺度法(ALSCAL)(M)	200
多次元尺度法はやわかり	210
多重共線性	15
多層パーセプトロン(M)	32
妥当性	151
ダミー変数	4
調整済み R 2 乗	13
調整済み適合度指数	271
直接効果	247
直交回転	147
直交表	213
ツリー(R)	116
ツールボックス（Amos）	235
定数項	3
適合度	207, 276
適合度検定	60, 69
適合度指数	271
てこ比	21, 57
てこ比の値(G)	11
てこ比の値(L)	49
データから距離行列を作成(C)	201
データ区分	34
データの標準化	138, 150
伝達係数	29
デンドログラム	194
デンドログラム(D)	190
得点(S)	130, 148, 160
独立変数	3
独立変数(I)	9
独立モデル	271

ナ, ハ 行

二項ロジスティック(G)	46
2値変数	5
入力層	27
ニューラルネットワーク(W)	32
パス	230
パス解析	230
パス係数	230, 269
パス図	230, 254
外れ値	21
パターン行列	169
パラメータ	75, 99
パラメータ(A)	81
パラメータの初期値	75
バリマックス(V)	147
バリマックス回転	130, 155
判別得点	181
判別得点(D)	175
判別分析	44, 170
判別分析(D)	172
非心度パラメータ	277
非線型(N)	80
非線型回帰式	89
非線型回帰分析	72
比データ(R)	202
標準化	150
標準化係数	14
標準化された正準判別関数係数	176
標準化された線型判別関数	177
標準化されたパス係数	269
標準化されていない(U)	174
標準化したパラメータ	246
標準誤差	223, 269
標準偏回帰係数	14
フィッシャーの分類関数	179
布置	210
部分効用スコア	223
部分/偏相関(P)	10
プロビット(P)	64
プロビット分析	58
プロビット変換	59
プロビットモデル	69
プロマックス(P)	159
プロマックス回転	159, 167
分散共分散行列	150, 184
分散共分散行列(V)	129
分散の比率	17
分散分析	12
分類(C)	175
分類(F)	116, 172, 188
分類関数係数	178
分類規則の生成(G)	121
分類結果	182
分類表(C)	120
分類プロット(C)	50
平行性の検定	69
平行性の検定(P)	67
ベイズの規則	179
ベータ	14
ヘビサイド関数	29
偏回帰係数	3, 14
変換(T)	62
変数として保存(S)	130, 148, 160
変数の計算(C)	62
飽和モデル	96, 271
ホールドアウトカード	213

マ，ヤ 行

マージナル効果	59
マハラノビスの距離の2乗の求め方	184
モデル式(M)	83
モデルの要約	12
有意確率	13
ユーティリティ	223, 227
要約イナーシャ	137
予測確率	55, 57
予測された確率(R)	119
予測された所属グループ(P)	175
予測値(P)	119

ラ 行

ロジスティック回帰式	55
ロジスティック回帰分析	42
ロジスティック回帰分析のモデル式	44
ロジット(L)	106
ロジット対数線型分析	104
ロジット対数線型モデル	104
ロジット対数モデル	109

著者紹介

石 村 貞 夫
(いし むら さだ お)

1975 年　早稲田大学理工学部数学科卒業
1977 年　早稲田大学大学院修士課程修了
1981 年　東京都立大学大学院博士課程単位取得
現　在　石村統計コンサルタント代表
　　　　理学博士・統計アナリスト
著　書　『すぐわかる多変量解析』
　　　　『すぐわかる統計解析』
　　　　『増補版 金融・証券のためのブラック・ショールズ微分方程式』共著
　　　　『入門はじめての時系列分析』共著
　　　　『統計学の基礎のキ〜分散と相関係数編』共著
　　　　『統計学の基礎のソ〜正規分布と t 分布編』共著
　　　　『よくわかる医療・看護のための統計入門（第 2 版）』共著
　　　　『よくわかる統計学〜介護福祉・栄養管理データ編（第 2 版）』共著
　　　　『よくわかる統計学〜看護医療データ編（第 2 版）』共著
　　　　『Excel でやさしく学ぶ統計解析 2013』共著
　　　　『Excel でやさしく学ぶアンケート調査と統計処理 2013』共著
　　　　『SPSS による線型混合モデルとその手順（第 2 版）』共著
　　　　『SPSS による臨床心理・精神医学のための統計処理（第 2 版）』共著
　　　　『SPSS による医学・歯学・薬学のための統計解析（第 4 版）』共著
　　　　　　　　　　　　　　　　　　　　　　　以上　東京図書　他多数

石 村 光 資 郎
(いし むら こう し ろう)

2002 年　慶応義塾大学理工学部数理科学科卒業
2008 年　慶応義塾大学大学院理工学研究科基礎理工学専攻修了
現　在　東洋大学総合情報学部専任講師　博士（理学）
　　　　統計アナリスト
著　書　『入門はじめての統計的推定と最尤法』共著
　　　　『統計学の基礎のキ〜分散と相関係数編』共著
　　　　『卒論・修論のためのアンケート調査と統計処理』共著
　　　　『SPSS によるアンケート調査のための統計処理』
　　　　　　　　　　　　　　　　　　　　　　　以上　東京図書

SPSS による多変量データ解析の手順 [第5版]
ⓒ Sadao Ishimura, 1998, 2001, 2005
ⓒ Sadao Ishimura & Yujiro Ishimura, 2011
ⓒ Sadao Ishimura & Koshiro Ishimura, 2016

1998年4月24日	第1版第1刷発行	Printed in Japan
2001年9月25日	第2版第1刷発行	
2005年11月25日	第3版第1刷発行	
2011年7月25日	第4版第1刷発行	
2016年7月25日	第5版第1刷発行	
2018年5月25日	第5版第2刷発行	

著者　石　村　貞　夫

　　　石　村　光　資　郎

発行所　東京図書株式会社

〒102-0072　東京都千代田区飯田橋 3-11-19
振替 00140-4-13803　電話 03(3288)9461
http://www.tokyo-tosho.co.jp

ISBN 978-4-489-02242-5